U0260934

麦田怪圈

大自然的绝密符号

探秘天下编写组◎编著

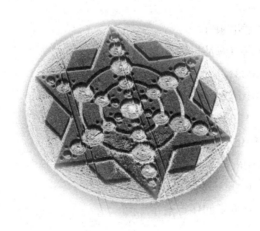

时事出版社

图书在版编目（CIP）数据

麦田怪圈：大自然的绝密符号 / 探秘天下编写组编著 . —北京：
时事出版社，2017.11
ISBN 978-7-5195-0148-8

Ⅰ . ①麦… Ⅱ . ①探… Ⅲ . ①自然科学 – 普及读物
Ⅳ . ① N49

中国版本图书馆 CIP 数据核字（2017）第 230442 号

出 版 发 行：时事出版社
地　　　址：北京市海淀区万寿寺甲 2 号
邮　　　编：100081
发 行 热 线：（010）88547590　　　88547591
读者服务部：（010）88547595
传　　　真：（010）88547592
电 子 邮 箱：shishichubanshe@sina.com
网　　　址：www.shishishe.com
印　　　刷：三河市华润印刷有限公司

开本：787×1092　1/16　印张：18　字数：240 千字
2017 年 11 月第 1 版　2017 年 11 月第 1 次印刷
定价：38.00 元
（如有印装质量问题，请与本社发行部联系调换）

前　言

　　在茫茫宇宙中，存在着无数个星球，也产生了无数次文明，生命之间交流的语言数不胜数。有这样一种语言，不是用声音传达，而是用图形描绘；不是写在纸上，而是印在麦田里。地球人把这种听不懂的语言叫做"麦田怪圈"，并一度认为它们是外星人的作品。也许，在这浩瀚无垠的宇宙中，人类觉得自己太孤独了，所以才会产生"外星人"这样的想象与向往，而其实他们并不存在。但也许他们是存在的，只不过我们还无法与他们直接交流，毕竟麦田怪圈中有太多不可思议、令人震惊的现象了。

　　几个世纪以来，飞碟与类人生命体、人体自燃、"幽灵闹剧"、雪人、神秘怪兽、灵魂与幽灵、转世以及重生……当然，还有麦田怪圈等，这些神秘现象一直困扰着人类，成为世界级未解之谜。自上世纪越战之后，UFO之谜被联合国列入重要议题，这意味着人类已经开始严肃对待这种原本看似荒谬无稽的事情，意味着UFO对地球文明产生了相当大的影响，甚至强烈地冲击着地球人类的宇宙观。

　　但迄今为止，尚无一个国家的政府或官方科学机构出面公开宣布和证实此类神秘事件的真实性，更拿不出调查报告和研究结论对这些不明现象做出令人信服的科学解释。种种迹象表明，麦田怪圈和外星人等一系列事件的本身既具有高深莫测的神秘性，又具有对广大公众和国际舆论的隐秘性，从而给关注这一重大问题的人们造成错觉：这是骗人的鬼把戏，或是某些人无聊的恶作剧，不然，官方科学机构为什么不公开站出来加以证实或者做出相应的解释呢？难道他们没有考虑到这会损害科学的声望以及公信力吗？

事实上，以科学定义的"真实性"来看，麦田怪圈这个词已经被过度使用，但此现象确实是一个奇迹。麦田怪圈起初数量很少，近年来却持续以惊人的数目增加，且无论在复杂性、形状大小以及美感上，都令人叹为观止。麦田怪圈的来历十分神秘，但其图案却清楚地显示出某种智慧的作用，并且运用了一些目前人类尚未完全明了的物理知识。麦田怪圈的出现往往还伴随着很多奇异现象，比如神秘光球、隐形能量流等，其中最具特色的当属一些目前尚未破解的高频讯号。

好奇心是人类最好的老师，也是获得科学进步的真正动力，面对这样神奇的世界之谜，谁不想一探究竟，彻底掀开其神秘面纱呢？

本书广泛参考和取证权威媒体及相关学者对麦田圈和外星人的最新研究成果，基于经典理论和科普学说，深入介绍令人惊讶和不解的诸多麦田怪圈现象。本书收集最新的资讯和前沿科学观点，以翔实的资料和生动的讲解，带领广大兴趣爱好者走入一个神秘莫测而又真实奇幻的世界。

目 录
contents

NO.3　|追根溯源|
麦田怪圈如何形成

NO.4 ｜神秘莫测｜
自然现象抑或人为手段

NO.5 ｜众说纷纭｜
来自四面八方的议论

NO.6 ｜探索真相｜
探索麦田怪圈的终极秘密

NO.7 |破译密码|
麦田怪圈背后的抽象含义

NO.1 | 怪圈乍现 |

震惊人类的麦田怪相

麦田怪圈，涌动的生命迹象

　　这是一个阳光明媚的夏天，适逢周日，英格兰威尔特郡巨石阵游览区涌入数百游客，他们绕着巨石不停地走动，面对着这古代伟大的工程无不表示惊叹。但更让他们震惊的事情马上就要发生了。

突然出现的麦田圈

　　伦敦通往艾克赛特的公路忽然交通堵塞，驾驶员纷纷下车，站在高速路旁的田野上，有人手指着前方，有人则忙不迭地拿出相机拍照。这是怎么回事？原来，广阔无垠的麦田中忽然出现了149个圆圈，直径从30厘米到15米不等，构成一个长280米，宽150米，既精确又对称的弯曲脊椎状图形。最令人震撼的是，所有麦子都被压平呈旋涡状，麦秆在离地几厘米的地方折弯，此外则毫无损伤。这群目瞪口呆的观光客所看到的正是麦田怪圈。

　　麦田圈出现之处距离观光游览区不足200米，青天白日之下，竟然没有一个人发现这个怪圈是如何形成的。游览区的警卫表明，麦田圈是在他们15分钟一轮岗的其中一段执勤时间出现的。一名猎场看守人表示，他在当天早上巡视过那片麦田，并没有发现任何异样。最后调查表明，麦田圈的形成时间只有短短的几分钟。难道有一群精通高等数学与环境艺术，并且具备隐形的超自然能力的人，嘲笑了重力法则，悬浮于上空创造出这件

伦敦艾克赛特公路旁的麦田怪圈

杰作吗？

这个似乎凭空出现的麦田怪圈并非首例，也绝非孤例。1980年8月，同样是在英国威尔特郡，一位农夫在他的燕麦田里发现了农作物被压平而形成的图案：麦田圈直径大约60米，中心有整齐的旋涡，而边缘的麦秆依然挺立着。据统计，到1994年为止，麦田圈在26个国家出现过，除英国外，美国、加拿大、日本、丹麦、德国等国家的农田中也都出现过这些巨大的图案。但出现麦田圈最早也最多的地方仍然是英国的威尔特郡，该地区有著名的白马山，也有神秘的史前巨石阵，它们是古代英国的象征，据说它们可以把人的灵魂运到来世。白马山下与巨石阵旁至少已经出现了十多次麦田怪圈，所以人们非常自然地把两者联系在一起，并且猜测麦田圈的神秘图形也许和这些古代的遗迹有某种联系。

天与地的对话

建造于公元前3000年的巨石阵，是由一群粗糙切凿的巨石块兀立而围成的圆阵。1991年7月出现在巨石圈西边的巨大麦田怪圈非常复杂，它结合了三种几何图形,连最细小的部分都考虑周到,仿佛经过了精密计算一般。而在怪圈指向东方也即巨石阵方向的那条直线上,摆出了各种小圆,似乎在向古代的遗迹致敬,又好像在提醒人们注意二者之间隐含着的神秘联系。这个麦田圈中几个圆的组合和凯尔特十字架很像。凯尔特人是北部欧洲的原住民,有学者认为正是他们在5000年前建造了举世闻名的"巨石阵"。事实上很多麦田怪圈都和宗教图案相似,这里出现的几个麦田圈与教堂的装饰图案就如出一辙。

这究竟是怎么一回事呢?是什么力量造成了这种异象呢?这神秘的力量又如何在麦田里创造出奇特的图样,让植物在土壤上方曲折,茎梗微微焦枯,仿佛一股高温的热力从中流过?显微镜下,麦田里的植物连分子结构都改变了,实在不可能是用脚或者木板、石头压平的,到底是谁拥有这样的技术?众所周知,几何学能让天与地更清楚地对话,是所有具备理性思维的生物共通的语言。无疑,麦田怪圈首先便是作为几何图样表现的,这连人体的活细胞都能感应并理解,从而激发潜藏在每个人体内的超验本质。事实上,地球上很多地方都存在着与麦田怪圈这种"看图猜意"类似的

巨石阵

现象，比如岩洞之中的岩画、旷野中的巨石阵等。不过，前者往往在荒郊野外人迹罕至之处，传达信息的实时性显然不如在农田中"作画"来得方便。

也许，麦田圈是"诸神"签署的旨意，要在约定的时刻唤醒沉寂多年的能量网络。也许，麦田圈是天外来客的神秘邀请函，向人类表示友好与亲近。麦田圈大都以圆形为基础，而圆周自古以来都是会场与论坛的象征，所以无数来自世界各地的人，如同在混沌宇宙中迷途的羔羊，难以抗拒地来到麦田圈中心，希望得到启示与指引。

彻底转变的契机

而在实验室中，科学与神秘事物之间的界限也在逐渐瓦解，关于麦田异像的种种解释，让人类的基础知识随之发生改变，对宇宙的既定见解也发生动摇。每一粒"种子"都开启一扇门，通往无尽的知识田野，告诉我们麦田圈与复杂精巧的电磁学、声学究竟有什么关联，电磁波与声波如何影响人类的脑电波，如何在饮用水中留下某种记号，甚至在DNA里输入新的程序。这些"种子"还告诉我们，麦田圈的每一道沟纹、每一个起伏如何记载许多意义深远的信息，或许还包括了未来新科技的形式。

麦田圈仿佛21世纪的教堂，人们身处其中，感觉到宇宙生命的潜滋暗长，心中充满惊奇与感动。目睹这些优雅而又丰富多彩的图样，目光随着每一个弧线转折，脚步随着每一道小径移动，他们的思维被限制的同时也被指引，如同水渠引导着流水。这些"麦田教堂"激发了无数人的欢欣、祷告、沉思冥想与探索研究。这些"朝圣者"离开时，似乎获得新生，或是登上了新大陆，一切在他们眼中都变得完全不同，因为他们心中都埋藏下一粒"种子"。

或许，这是一次彻底转变的契机！

② 怪圈初现：英格兰的逆时针麦田圈

　　全世界每年都会出现各种各样的麦田怪圈，至于它们是怎么来的，至今人们仍争论不休。但我们知道，任何事物在被认识之前都是神秘的。麦田圈似乎对大不列颠情有独钟，几乎已经成了英国夏天的标志。每年一到麦子快要成熟的季节，一个隐藏在英国各地麦田中的秘密就浮出水面，各种神秘的图案就会出现在麦田。事实上，"麦田怪圈"（Cropcircle）这个说法就是从英国开始传出的，1980年英国的《威尔特时报》第一次使用了"Cropcircle"这一名词指代麦田怪圈。所以，要想了解麦田圈，还是从英国开始为宜。

麦田圈近景

17世纪的魔鬼收割者

麦田圈这一神秘现象的出现可以追溯到公元9世纪，但有关麦田圈最早的记载却是在公元17世纪。1678年8月22日，在英格兰哈特福德郡出现了一本没有装订但流传很广的刊物，名为《魔鬼收割者》，它记载了一个农场主和一个雇工之间的故事。故事中，农场主觉得雇工收割一英亩半燕麦田的价钱太贵了，双方谈不拢，不欢而散，农场主气急败坏地说宁可让魔鬼来收割也不会把它们交给雇工。然而就在当天晚上，燕麦田被一片"火海"吞没了，持续燃烧了几个小时。第二天早上，农场主来到他的农田，发现燕麦田似乎已经收割完了。但收割者显然不屑于传统的收割方式，同时也像是为了显示自己的艺术天分，在地里留下了部分燕麦，并以之构成了完美的图画。这些图画是如此精美，以至于农场主无法想象谁能在一个晚上把它创造出来。农场主惊恐万分地离开了自己的农场，从此再也没有种过燕麦。《魔鬼收割者》小册子里的插图，描绘了一个正在专心于其杰作的魔鬼，他手里拿着镰刀，站在一个由麦穗组成的图案中——这便是英国关于麦田圈的首次记录。但这与麦田圈略有不同，因为他是以收割的方式作画，而典型的麦田圈是将麦秆压倒。

近代出现的麦田怪圈

近代最早的麦田怪圈是1647年在英格兰被发现的，麦田圈大小中等、圆弧优美，圈内农作物呈逆时针方向旋转倒伏。当时人们也不知道这是怎么一回事，怪圈中还有一座雕刻。这座雕刻引起了人们对麦田怪圈成因的推测。

自从20世纪80年代初期以来，已经有2000多个这种圆圈出现在世界各地的农田里，使科学家或者专家们大惑不解。起先这些圆圈几乎只在英国威尔特郡和汉普郡出现。此后在美国、加拿大、日本等十多个国家,也有人发现这种圆圈,并且圆圈越来越大,越来越复杂,渐渐演变为几何图形,被英国某些天体物理学家称为"外星人给地球人送来的象形字"。

最令世人感到震惊的,莫过于1990年7月12日在英国威尔特郡的一个名叫阿尔顿巴尼斯小村庄发现的农田怪圈了。当时有1万多人参观了这个农田怪圈,其中包括多名科学家。这个巨大图形长120米,由圆圈和爪状附属图形组成,画面非常精确和优美,令人叹为观止。

英国威尔特郡白马山山坡上有白马刻像,是古代英国的象征,据说它可以把人的灵魂运到来世。白马山下至少出现过三次麦田怪圈,人们猜测其神秘图形也许和古代遗迹有某种联系。离此不远处耸立着古代英国的另一个象征——建造于公元前3000年的巨石阵。几世纪以来,这些巨石块一直与神秘传说联系在一起。许多人认为巨石阵与麦田怪圈是在传达一样

威尔特郡附近出现的麦田圈

的信息。近年来，"圆周率""威斯敏斯特大教堂""生命之花"这些著名的麦田怪圈陆续出现在英国威尔特郡的白马石刻以及巨石阵旁边，这更加让热衷于神秘现象的人们趋之若鹜。

　　威尔特郡以麦田圈闻名于世，每到夏天，这个英格兰西南部小郡的麦田之中总会频繁地出现神秘怪圈。而这种"神秘"的力量给偏安一隅的威尔特郡带来了全世界各地的游客。还有很多神秘主义的拥趸把威尔特郡的麦田当做某种意义上的圣地"麦加"，他们乐意为了进入当地农民的农田一睹"麦田怪圈"而向农民们支付一笔"捐款"。

英格兰与三维立体怪圈

威尔特郡是英格兰的重镇，此处自然环境优美，历史文化气氛浓厚，完美地保存着许多18世纪的建筑，比如古堡、教堂、磨房等。同时，威尔特郡也是英国乃至全球麦田怪圈出现最早、最多的地区，世界上第一个麦田怪圈就出现于此，因此每年都吸引着众多麦田圈爱好者前来寻幽探奇。

神秘的三维立体怪圈

2007年3月，天气晴朗，田野广袤，视野开阔，天际处隐隐可见蓝色地平线，云汽蒸腾之下便是大海。一望无际的麦田青中泛黄，预示着小麦已经接近成熟。一抹深绿的灌木丛在远处斜斜地横贯麦田，将大地涂抹得深浅有致、层次分明。英格兰威尔特的大地显得安详而深沉。但这却是一个注定不平静的日子，因为有人发现麦田中又出现了一个怪圈。

麦田怪圈本就与威尔特郡特别有缘，屡屡在此处显示奇迹，按说此处的人们应该见怪不怪了。但这次出现的怪图案却与以往有所不同，不仅更加复杂，而且呈现出前所未有的三维立体效果，令人十分震惊。有关专家甚至惊呼："麦田怪圈的艺术水准已经达到史无前例的高度！"

三维立体怪圈

　　这个三维立体怪圈出现在英格兰威尔特郡西尔布利山的一片麦田中，直径大约61米，圆周精确而优美，线条整齐如刀切，其内容仿佛是，在一块西洋跳棋棋盘状的地板上，一个个长方形门框层层嵌套组成一条漫长的长廊，一直延伸至象征远方的中心处。

　　英国戈斯波特市摄影师亚历山大及其妻子卡兰首先发现了这个三维立体麦田怪圈，夫妻二人可谓志同道合，都是标准的麦田圈迷，研究这种奇妙的超自然现象已经长达15年，经验相当丰富老到。通过对这个三维麦田圈的研究，他们认为在传统的几何图案中，方形代表了现实物质世界，而圆形代表了神的天堂，而这个三维立体怪圈的象征意义可能是将二者结合了起来，意即"通过尘世之路，走向神圣世界"。同时他们也否认了麦田怪圈是某些人的恶作剧的说法，因为要创造这样一个完美的图案，且不说科学与艺术的设计问题，仅仅是在黑暗中花7个小时不停地割麦子，也是任何人类都不可能完成的任务。据调查，这个怪圈从发现之时向前回溯，7个小时之前还不存在。

三维符号的背后

有人说："麦田怪圈其实是投射在三维世界里的四维物体，而我们人类目前的知觉还无法达到理解四维事物的阶段，所以我们会觉得麦田圈如此神秘莫测。"按照这种说法，我们便有必要简单了解一下何谓维度。

零维是点的世界；一维是线的世界，只有长度；二维是平面世界，只有长和宽；三维是立体空间世界，具有长、宽、高；四维便是爱因斯坦相对论提出来的一种时空概念，在三维的架构长、宽、高三条轴外又加了一条时间轴。当然，现代的科学想象已经达到十维甚至十维以上，但在此处不必论及，因为事实上，四维让人理解起来已经有些困难。

三维立体图则是利用人们两眼视觉差别和光学折射原理在一个平面内使人们可直接看到一幅三维立体画，画中事物既可以凸出于画面之外，也可以深藏其中，给人们以很强的视觉冲击力。这主要是运用光影、虚实、明暗对比来体现的，它可以使眼睛看到物体的上下、左右、前后三维关系。

有一个很有趣也很生动的例子可以说明维度对人的影响。一些生活在二维空间、只有平面概念的"扁片生物"，假如要将这种生物关起来，只需用线在它四周画一个圈即可。在二维空间的范围内，它无论如何也走不出这个圈。如果我们这些生活在三维空间的人要还其自由，只要将它从圈中取出，再放回二维空间的其他地方即可。在我们看来，此事非常简单，但在二维扁片生物的眼里，却无疑是不可思议的：明明被关在圈内，怎么会忽然消失不见，然后就出现在另一个地方呢！

所以，若将一个三维球体拿到二维生物面前，它们会觉得"球"的概念不可思议，要么否认有球体存在，要么认为它很"神秘"。同样的道理，当一个四维球体来到我们三维人面前时，我们也只能看到圆或球，绝对不会再想到是别的什么图形，因为我们的想象力和理解力至此而止，无法再进一步。也许，现代人对麦田怪圈的观感，就和二维生物对三维立体世界的理解差不多。这的确是一个很艰涩甚至不可思议的概念。但无疑，四维乃至多维的观念会让我们对麦田怪圈产生全新的认识。首先，我们应该反省过去把麦田怪圈看成单纯平面图形的想法是否正确，因为麦田圈有可能是投射在三维世界里的四维物体，田里的平面圆形其实是人类知觉无法直接掌握的球体穿越三维空间的结果。

回顾麦田怪圈现象，以善意的角度体会，我们似乎可以这样认为：从圆圈等平面图像到三维符号，背后暗藏着一套非常精密的计划，一步步指引我们从"不同角度"去观察一切，期望我们摆脱线性世界，教导我们拓展思维知觉，破除我们加在实相上的限制，让我们达到更高的意识形态，从而拥有大智大慧，使人类文明上升一个新台阶。

德国惊现麦田怪圈

阿尔卑斯山脉是欧洲最大的山地冰川中心，山区覆盖着厚达1千米的冰盖，欧洲许多大河如多瑙河、莱茵河、波河、罗讷河等均发源于此。而阿尔卑斯山前地区直到多瑙河，则遍布湖泊，如一颗颗明珠或碧玉点缀在美丽的大地之上。德国巴伐利亚州的首府慕尼黑便位于阿尔卑斯山北麓，此城依山傍水、景色秀丽，一度是德国最瑰丽的宫廷文化中心，现在则工业发达，是德国汽车制造业的中心区域，同时还是世界著名的啤酒城。但在1950年之前，巴伐利亚州却是德国农业最发达的地区，所以直到如今，

阿尔卑斯山

慕尼黑附近仍然大面积耕种农作物，而南郊则是一片广袤如草原的麦田。

野蛮学生的恶作剧

2014年7月的一个清晨，家住南郊的农民阿尔斯福像往常一样到麦田查看，发现即将成熟的麦田不知何故大片倒伏，看起来简直乱七八糟。阿尔福斯既吃惊又愤怒，这麦田经过他的精心耕作，长势喜人，颗粒饱满，眼看即将获得丰收。他每天来田边转一圈，看着行距、株距整齐无比的麦田，就像首长巡视大规模军演一样，很有成就感，如今这种现象怎能不令他痛心？"这肯定是那帮放暑假的野蛮学生的恶作剧！"他心想，并立即拨打了报警电话。但是警长的回答却让他比刚看到麦田被破坏时更惊讶。"先生，您麦田里发生的事情我已经知道了，并且，慕尼黑所有人都知道了，但这是不可能找到犯罪嫌疑人的，并且，您那儿已经成为新闻中心与游览热点，请您做好准备，迎接大批的观光客吧！"

从热气球上看到的麦田怪圈

原来，有人比麦田的主人更早发现麦田中发生的状况。但他看到的却是另一幅景象，与阿尔福斯以为的"倒伏""乱七八糟"截然不同。因为那是一个热气球爱好者，当时他驾驶着热气球正从麦田上空飞过，看到麦田中的一部分麦子被整齐地压倒并紧贴地面，形成了一个圆形图案，直径大约有75米。圆圈由大小半弧、小半月形以及小菱形、小平行四边形组成，周边是一圈非常规整的甬道。这个麦田图案虽然意义不明，但美丽非凡，热气球驾驶者立即拿出相机将它拍摄下来，并通过网络发布出去。

是外星人的杰作吗

不出警长所料，阿尔福斯一向宁静的麦田忽然之间门庭若市、人声鼎沸，数千名游客以及猎奇者从各地慕名前来观看。他们在麦田怪圈里欢呼雀跃、载歌载舞，甚至还有坐在那儿盘腿冥想的。阿尔福斯的麦田面积不小，不远处还有一座巨大的抛物面状的天线设施，主要功能是联络新闻卫星，这个设施的存在让很多游客深信麦田圈是外星人制造的，目的是传达某种信息，或是表达交流的愿望。

阿尔福斯虽然改变了原来的看法，认为这个麦田圆圈并非乱七八糟，而是经过科学或者艺术设计的作品，但神秘主义之美并不能让他忘记面包的味道：麦田圈毁掉了整个农田的1/4，受损麦子的价值超过了1500欧元（约合人民币1.24万元）。但是从怪圈的受欢迎程度来看，如果向游客收费的话，他也会获得不菲的收入。后来，他就尝试收费，结果正如他所料。

这并非在德国出现的第一个麦田怪圈，甚至也不是在巴伐利亚地区出现的第一个。但从前出现的麦田怪圈若非尺寸太小，便是造型简陋，很容易让人怀疑是人为恶作剧。现在这个麦田怪圈的尺度之大、造型之美、内容之复杂却史无前例，因此引起了社会各界的高度关注。对于麦田圈的"作者"，大家持有不同的看法，有人认为这是搞怪者的恶作剧，但大多数人更愿意相信这是外星人的杰作。

有些报纸报道怪圈是大学生们用耙子耙成的，但当人从上空观看怪圈精美的设计时，这个解释便很难成立。因为这些圆圈看起来非常完美，并且这么大的图案根本不可能在一夜之间完成。麦田怪圈中任何人为的痕迹也看不见，比如轮胎碾压或者脚踩出的印痕，所以要追问这个怪圈是如何形成的，只能用排除法，也就是说不要问谁能做到，而是问谁做不到。著名的UFO研究者戴尼肯认为，就算是有人能够做出这样的麦田圈，如此大的工作投入不可能不被发现。他相信这是外星智慧生物的一种联络方式。

路西·普林戈是德国麦田怪圈资深研究专家，研究麦田圈超过10年，拥有世界上最大的麦田怪圈数据资料库。他的意见与戴尼肯不谋而合，他也无法相信人类能够在一夜之间造出如此复杂的麦田怪圈。他认为人们或许能在计算机上做到这一点，但假如在午夜时分的麦田中埋头苦干，并且达到这样高的数学精确度，这绝无可能。

这些专家与知名人物的言论似乎都在证实，该麦田怪圈与外星人有关，是外星人向地球人传达信息的方式，只是人们暂时还无法理解罢了。

荷兰与同心圆麦田怪圈

荷兰位于欧洲西偏北部，是著名的亚欧大陆桥的欧洲始发点，与德国、比利时接壤。荷兰真正的国名叫"尼德兰"，"尼德"是"低"的意思，"兰"是"土地"，合起来称为"低洼之国"。荷兰是世界上海拔最低的国家，有1/4的国土低于海平面，拥有温润的海洋性气候，而且国土之中河流纵横，水资源特别丰富。所以荷兰的土地不适于耕种小麦、水稻等农作物，只能因地制宜地发展畜牧业，大面积种植牧草。这就让出现在荷兰的麦田圈拥有了自己的特色，多数是草圈，且由几个、十几个乃至二十几个不太标准的实心圆构成。

神秘的信息传达方式

据说，荷兰90%的麦田圈和一个叫做罗贝特（Robbert）的人有关。在麦田圈出现之前，总是有神秘信息通过神秘方式发送给他，他会感觉一阵眩晕，脑中浮现各种稀奇古怪的想法，然后就觉得有麦田圈产生了，具体地点也能大概判断出来，几乎都能猜对。也有的时候，罗贝特到达某个地点时没有出现怪圈，他在那等了一会，突然感到一阵怪异的寂静，随即看到田野上空悬浮着一个巨大的物体，可能就是UFO。飞船底部一个圆

荷兰麦田怪圈

洞下飞出几个银色金属样的球形物，向下飞到麦田上方，突然，球体在草田上快速移动，随后草地上便出现了圆圈。

奇特的经历

2016年4月22日罗贝特又产生了新的预感，并且感觉非常强烈。他急忙叫上一个朋友开车去附近一个低洼地，因为直觉告诉他那里会有新的麦田怪圈形成。出发之前，罗贝特在纸上画了一个交叉的圆，还有几个小圆圈。过了半个小时后，他们到达现场。这是一片草深及膝的大皁地，可惜的是，他们没有看到任何异常。罗贝特觉得有些失望，认为自己错了。

过去了一整天后，那种不安的感觉再次出现。一个小时后，他和朋友再次到达同一个现场，他打开摄像机开始对预感中麦田圈将会形成的区域进行拍摄，并且使用了闪光灯。突然，一个黄色的光球像一个闪烁的小太阳般飞向麦田，并因其迅速靠近而变得越来越大，然后又快速飞回空中。这一次他拍到了非常壮观的光点照片，光点的体积之大，超过从前的任何一个。然后，麦田里便出现了一个同心圆图案——一个直径超过20米的大圆环里面包含9个小圆圈与1个小圆环十字交叉，大圆环外有3个小的卫星，形成一个类似尾巴的东西。荷兰的草场广阔丰茂，草深及膝，与即将成熟的小麦高度相仿，只是密度更高，所以这个"麦田怪圈"图案也十分清晰。长草柔软，倒伏的状态尤其具有某种韵律或韵味，令人赏心悦目。

令人惊奇不已的是，这个图案与罗贝特之前画的草图几乎一模一样。

罗贝特的经历对一般人来说太过奇特，让人觉得无法想象，也难以置信。而且，他拍摄到的光球出现和持续的过程都清晰可见，提供的照片也没有什么漏洞或者瑕疵，相关专家目前对此现象还无法给出合乎逻辑的解释。

印尼首现麦田怪圈

2011年1月23日，在印度的日惹地区的水稻田里突然出现类似麦田怪圈的图案，严格来说，应称为"稻田怪圈"。这是印尼第一次发生此类神秘现象，因此引起各方关注并引发种种猜测。

水稻田里的怪圈

出现稻田怪圈的地方在一个名为约戈迪鲁托的小村，位于日惹特区斯莱曼县。当地村民23日在村子附近的稻田中发现了一个由倒伏的稻株和完好稻株共同构成的复杂图案。图案总体呈圆形，直径约为70米，内部由规则的环形、扇形及一些不规则图形组成。印尼警方闻讯，迅速介入并展开调查。据几位居民说，星期六晚上发生了一场龙卷风，到星期天下午，水稻田里便出现了怪圈，村民们颇为懊恼，因为水稻将要成熟，这将会给收割带来麻烦。

该地区很快迎来了一波波来自各地的游客，一向冷寂的稻田忽然喧闹无比，甚至连附近的公路都发生了严重阻塞，这在小村可是从未有过的现象，因此天生热情的居民们也抛开了水稻有可能减产所引起的不快，很多人甚至自动承担起导游与解说的义务。麦田怪圈所在的稻田毗邻一条公

婆罗浮屠雕像

路，还有一处高坡，站在坡上正好可以大致看到怪圈的整体轮廓。因此人们或在怪圈内左顾右盼，或站在高坡上指指点点，无不满怀兴奋，似乎忽然之间回到了对任何事情都感兴趣的童年。在周围自然生长状态的植物之间，忽然出现这么一个秩序井然、规整无比、如浮雕一般的几何图案，让人在触目惊心之余，又有某种奇异的感动。

日惹是一个有数百年历史的古城，市内的苏丹皇宫仍住着苏丹王及其家属，且宗教气氛浓郁，印度神庙以及清真寺在这儿都能见到，大型艺术建筑婆罗浮屠雕像更是世界闻名。因此有很多人认为这是神迹，并指出麦田怪圈内的独特符号与印度教密宗的法轮有密切关联。但印度尼西亚博斯查天文台主任卢特菲猜测说，图案中的稻株是被附近默拉皮火山喷出的火山灰落下后压倒的。他的说法也有一定根据，因为印度尼西亚日惹地区正位于世界上最活跃的活火山之一——默拉皮火山之下。

默拉皮火山在印尼的火山中属于最年轻的一座，地层学分析证明在40万年前这个地区已经开始喷发，是典型的熔岩喷出，直到万年以前形成玄武岩。后来，更粘稠的安山岩浆喷发出来，形成熔岩丘，熔岩丘崩塌会造成火山碎屑流和爆炸式喷发，形成高耸入云的烟尘柱。所以，天文台主任卢特菲会有火山灰造成麦田圈的猜测——也许是他的官员身份让他不得不站在科学的立场上说话。

怪圈之前的怪事

默拉皮火山一般每2年到3年有一次小喷发，每10年至15年有一次大喷发。据历史记载，严重的喷发发生在1006年、1786年和1822年。1006年的喷发使得火山灰覆盖了整个中爪哇，导致信仰印度教的马塔拉姆王国的毁灭；1786年与1822年的喷发则造成13个村庄的毁灭，死亡1400人。人类无法与这种自然的恐怖威力相抗衡，只能祈求神灵护佑，所以默拉皮火山至今仍然是日惹和梭罗两地土王向古代神灵献祭的4个地点之一。有人据

默拉皮火山

此得出结论：该麦田怪圈是一个第三类亲密接触的证据。

据印尼警察与专家调查，在这个麦田怪圈出现之前，确实发生过很多奇怪的事情。在麦田怪圈出现当晚，约戈迪鲁托村中的一位女子和丈夫正在家看电视，忽然听到一阵非常奇异的嗡嗡声。这声音持续了很久，他们以为是一架空军直升机飞过，也没有太在意。第二天，稻田里就出现了那个怪圈，不知道这中间有没有什么联系。该女子的丈夫证实他妻子说的是真的。调查组询问村中其他村民，有人也声称听到了怪声，有的村民则没有听到声音，因为那天晚上有很大的风，但第二天早上他们经过那片稻田时，就惊奇地看到一个整洁有序的圆圈，他们确信这是全能的真主（上帝）对人类的一个警告。

村民的证词似乎表明，在麦田圈出现之前，确有不明飞行物飞临此处。甚至有人认为，水稻田里的怪圈就是飞碟降落的痕迹，并言之凿凿地说："目前外星人就与我们生活在一起，时刻都在密切地关注着我们。他们对人类并没有敌意，并且希望帮助我们，然而我们的科学技术并不完善健全，不能与他们沟通，也许在将来人类的科学技术更加进步之后才能与他们直接交流。"

乌斯诺叶：麦田里的"破坏行径"

　　1999年6月25日清晨，在俄罗斯南方的斯塔佛罗波尔一个名叫乌斯诺叶的村庄里，发生了一件奇异的事情：一夜之间，广阔的麦田里出现了4个大圆圈，最大的一个直径为20米，其余3个直径为5.7米不等。大圆圈中心有一个20厘米深的筒状圆坑，坑壁光滑平整。现场没有任何人为破坏的痕迹。发现者是农田主人，他认为麦田里的麦子是遭到故意毁坏，便向地方官员报告了这一"破坏行径"，并要求警方抓到"那个做坏事的坏

俄罗斯出现的麦田怪圈

蛋"，赔偿他的所有损失。

而有些目击者却相信麦田怪圈是不明飞行物着陆时留下的痕迹。斯塔佛罗波尔地区安全部门接到报告后，迅速派人赶到现场。他们看到田里成熟的麦子按顺时针方向倒伏，非常规整，不可能是人类或动物所为。负责调查的官员说，"怪圈"绝非是哪个人为了玩笑制造出来的，可以肯定曾有一个不明物体在那里着陆，它显然还采用了一种尚无人知晓的着陆方式，现场没有发现辐射或化学物质的痕迹。随即，俄罗斯国家安全部封锁了一切有关"怪圈"的消息。这是近年来全球最为轰动的一起"怪圈"事件。

"宇宙探索"研究小组

神秘麦田圈遍布世界许多国家，俄罗斯出现麦田圈的数量居世界第三。可在过去，俄罗斯出现的麦田怪圈根本没人重视，也没有人对这一神秘现象做更多的解释。俄罗斯普通民众认为，麦田怪圈是一种"鬼圈"，是邪恶力量导致的结果，是一种不祥之兆。可是如今，俄罗斯"宇宙探索"研究小组已对类似麦田圈现象展开观察和研究。目前，俄罗斯已有2000多人从事这一工作。据考察，俄罗斯的大部分麦田圈都出现在乌斯诺叶边区。麦田圈在那里的分布路线几乎没有什么变化，一般都沿着叶伊斯克—新库班斯克—拉宾斯克这几个地区纵向挺进。

当地麦田圈的出现非常严格地符合几何学原理，且往往分布在与道路很近的农田里。有人推测，形成这样的分布格局是因为麦田圈的制造者想吸引路人的眼球，而这些地方的麦田圈往往在第一天清晨便被发现。有趣的是，根据科学家和研究者对神秘麦田圈的观察，麦田圈的分布区域都是偏北走向，几乎平行于古代高加索石冢的分布带。此外，在除了俄罗斯之外的其他国家发现的大部分麦田圈通常也符合石冢分布带的走向。

麦田圈在新库班斯克出现的高峰期是5—6月。2001年，俄罗斯"宇宙探索"研究小组已经搞清楚，乌斯诺叶边区的大部分麦田圈都是在当地午夜时分形成（对新库班斯克来说是莫斯科时间凌晨1点24分）。后来，这些信息不止一次被实践所证明：2005年6月17日夜至18日，俄罗斯"宇宙探索"研究小组从远处发现一个麦田圈的形成。紧接着，在克拉斯诺达尔边疆区的向日葵地里和陶里亚蒂的荞麦地里分别出现倒伏的圆形图案，而且"麦田怪圈"就出现在居民楼附近。陶里亚蒂的居民坚信，神秘麦圈是外星人干的。甚至有目击者称，见到银色的不明飞行物，同时天空出现耀眼的强光。

微波炉里的试验

俄罗斯科学家认为麦田怪圈是一个罕见的现象，这种现象似乎意味着外星人已不止一次闯入俄罗斯领地。

俄罗斯地质协会成员斯坦尼斯拉夫·斯米尔诺夫对此做了更进一步的研究。他从麦田里捡了一些麦秆放进微波炉里。在600瓦的高频辐射下，经过12秒钟，荞麦秆发生了奇异的变化，所有试验的麦秆都在节瘤处发生了弯曲，其形状与陶里亚蒂麦田里倒伏的麦秆完全一样。斯米尔诺夫因此推断，陶里亚蒂的麦田一定是受到了高频辐射。

俄罗斯另一名科学家阿纳托利·阿尔将耶夫的观点与斯米尔诺夫相近，他认为高频辐射使草本植物发生规律性倒伏并不稀罕，50年前他们就在学院的草坪上干过这事，只是当时没人报道罢了。

据称，他曾与两名年轻的助手一起在学院的草坪上试验高频设备，当悬在草坪上的高压电缆被接通时，电缆下方的草坪立刻顺时针倒下，形成一个极其规律的圆圈。阿尔将耶夫解释说，当电缆通电时，草坪被电磁化，此时的草坪相当于电机里的定子，而电缆是转子，在电磁扭力的作用下，草坪上的草便发生了扭曲。阿尔将耶夫认为，电缆所产生的电磁现象相当于人造闪电，而大自然的闪电更加奇妙，会产生更加复杂的电磁场，因而也就可以画出更加奇妙的图案。对麦田圈神秘现象的成因来说，阿尔将耶夫与斯米尔诺夫两位学者的观点似乎都很有说服力，但两人都无法证实高频辐射来自哪里，是地磁现象，还是天空闪电？

亚特兰蒂斯沉没

2011年5月22日，俄罗斯克拉斯诺达尔的村落纳曼斯基的民众发现附近麦田的许多麦穗倒伏。此麦田刚好位于一条公路旁，于是开车经过的旅客纷纷驻足围观。由于麦田中的麦穗未破裂，整齐堆叠成平坦的波浪，倒

亚特兰蒂斯沉没海底

向不同的方向，犹如平铺在地面的地毯，而其中又有未倒的麦穗如同岛屿挺立于波涛之中。一些网友看到这个图形后表示：这个图案给人的第一感觉是日本大海啸退去后，日本小镇被摧毁的惨景。研究者查了一下《日本大地震海啸后航拍图》，觉得真的很像。另有专家说还有点像神秘古王国亚特兰蒂斯沉没时的景象。

据考古研究，亚特兰蒂斯古王国灭亡的主要原因是他们太过于偏重物质享受。这个麦田圈也许是想以这样的历史灾难事件提醒人类：现在又来到了一个关键点上，若不提高警惕，又将面临灭亡的危险。

(8)

巨石阵：英格兰史前圣地惊现麦田圈

英国南部，索尔兹伯里平原，一根根巨大的石柱耸立。这些石柱按照几何逻辑，排列成几个同心圆，形成了一个巨大的石阵。石阵外围为直径约90米的环形土岗和壕沟，土岗内侧有56个等距离的洞，科学家称之为奥布里洞。最外侧是圆环，直径400米，由100多块巨石组成。巨石从右环一直向外延伸，形成了一条格外壮观的人文景观。没人知道这些巨石在此耸立了多久，它们跟随着时间之流，默默地注视着沧海桑田的变幻，但自身却笼罩在一种神秘莫测的气氛之中。随着讯息传递速度的加快，巨石阵引起了越来越多的关注。1986年，联合国教科文组织将埃夫伯里及周围的巨石遗迹作为文化遗产列入《世界遗产名录》。令人惊叹的是，这里不仅有沉默而神秘的巨石，还曾出现过麦田圈。这是怎么一回事呢？

神秘的巨石阵

说到巨石阵，就不得不说到其中心的砂岩圈，这也是它最为壮观的部分。30根石柱，手牵手一般，组成一个环形结构。石柱上面架着横梁，其间用榫头、榫根相连，形成一个封闭的圆圈。这些巨石高5米到10米，重量在25吨到30吨之间。砂岩圈内部有5组砂岩三石塔，呈马蹄形，亦称

巨石阵2

拱门。每组三石塔下面有两根巨大的石柱耸立，每根重达50吨，另一块重约10吨的巨石横梁则嵌合在石柱顶上。三石塔位于整个巨石阵的中心线上，马蹄形开口与仲夏日出方向正好相对。巨石圈东北侧有一条通道，其中轴线上竖立着一块完整的砂岩巨石，高4.9米，重约35吨，被称为踵石。每年冬至和夏至时分，日出的第一道光线正好投射在踵石上，为这一壮观景象增添了无限神秘感。

　　无数的考古学者对此产生兴趣，不辞辛劳赶到这里，希望一探究竟。经过一代又一代人的努力，巨石阵完整状态的想象图终于被绘制出来。虽然对巨石阵的成因仍存在分歧，但多数考古学家都认为，巨型方石阵的建造需要千年之久。考古学界有这样一种观点：这一工程的建造开始于新石器时代后期，分三个阶段进行。一期工程始于公元前约2750年，巨石阵雏形初现。建造者们首先挖出一道圆形深沟，并将挖掘过程中产生的碎石沿沟筑成矮墙。其次，在沟内侧挖了56个洞，但不久之后又填平了。

至于填平的原因，至今不明。

二期工程开始于公元前约2000年，最早修筑的是一条两边并行的通道。三期工程大约始于公元前1900年，建成了庞大的巨石圆阵。其后在500年期间，巨型方石柱的位置不断修改，又把二期工程的青石重新排列。一代又一代人的努力，成就了欧洲最庞大的巨石结构。需要指出的是，双重圆阵的西面部分始终没有竣工。当初的建造者们虽然费尽气力把青色巨石运来，但最后取消了原定计划。巨石阵的建造如果从公元前2750年算起，距今已近5000年。如此说来，它的建造时间可能比埃及金字塔还要早。另外，其巨大的工程量也是人们惊叹的原因之一。据考古学家估算，即使按照现代工程量预算，也至少需要150万人工。

如此巨大的工程，应该有运输工具的遗迹才对。令考古学家失望的是，巨石阵附近始终没发现使用运载工具或牲畜的痕迹。同样令人迷惑的是，如果它确实由某个民族历时千年建造而成，那建造的目的是什么？一种说法认为，它是古时候人们为了崇敬天地所设的祭坛或庙宇，或者很重要的集会场所。另一种说法则认为它是天文观测台，近代不少天文学家都持此观点。

巨石阵惊现麦田圈

关于巨石阵的争议虽然很多，但其神秘感成为人们的共识。例如，曾有学者用先进的仪器设备对巨石阵进行检测，发现巨石竟能发出超声波。倘若巨石阵由某个民族建设而成，远古时代的他们怎么会知道超声波呢？用一些神秘学家的解释，外星人在遥远的史前时代光顾了英格兰？

巨石阵所在方圆几里的区域，充满了神秘力量，曾经有很多人在那里目击过UFO。有科学家认为，巨石阵是圆形、环状的，这就好比现在

阿德麦田圆圈

的太阳能电板，可以吸收来自太阳、月亮、磁场辐射的强大力量或是某种自然力量。这股力量不一定是正面的，也可能是负面的。因此，这样一个地方与麦田圈可能确实存在某种"暧昧关系"。

2011年夏，巨石阵正对面的一块草地上，惊现一个直径近70米的巨形麦田圆圈。大圆圈内有三个小圆圈，大小相等，被面积相同的12块扇形分割，非常有规律，且精确度惊人。有人据此认为，这个令人惊叹的标志证明地球上存在外星生命。其他人则认为是农民或恶作剧者的杰作。不过，不管怎么说，这一巨大的麦田圈确实是非同凡响的艺术作品。不少人认为这些麦田怪圈非常有"外星范儿"。

如果你有机会、有条件的话，不妨去拜访一下这神秘而有趣的巨石阵，亲身感受一下它所蕴藏的无穷力量。

NO.2 ｜踏雪寻梅｜

直面麦田怪圈的奇异景观

神秘怪圈的花样翻新

自1972年以来，在世界各国（英国、德国、加拿大、美国、日本、澳大利亚、中国等国）先后发现了2000多幅麦田怪圈。这种农田中的雕塑艺术花样百出，有图形组合，有方形、三角形符号，有方格图、晶格状、智慧图形、数字、英文字母等，并且越来越复杂，表现出强磁场或强放射性，可使进入的人或动物过敏甚至死亡，但同时也可使尸体不腐、粮食增产等。而且，麦田怪圈并不限于麦田，其他如土豆圈、芥末圈、焦油圈、大豆圈、向日葵圈，甚至草甸圈、树圈、冰圈等都曾出现过。

麦田怪圈开始出现并被世界所广泛了解是在20世纪80年代，大多是在英国发现的，且都是些圆圈图形。这些圆圈中部分禾苗倒伏，周围禾苗竖立，形成界线分明的图案。麦田圈尺寸大小不等，小的直径十几米，大的则达到上百甚至几百米。因此，置身其中或在旁边只能拍摄到局部图案，而事先若无"这是一个麦田怪圈"的存想的话，倒伏的禾苗看起来倒像是被龙卷风吹倒的。英国人曾用竹竿将相机高高举起或乘直升机在空中拍照，这才获得了麦田圈的完整图案。这些早期的麦田圈大多非常简单，且相对粗糙，所以很容易让人怀疑这是人造的或是大自然的"作品"。

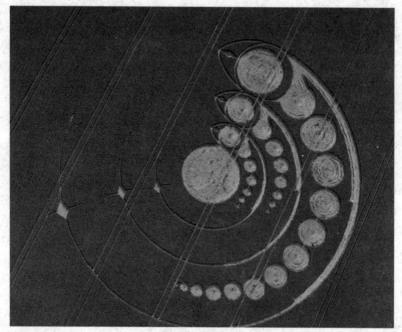

在英国发现的圆圈形麦田圈

由简至繁的麦田圈

1990年之后，麦田怪圈渐趋复杂，方格形、多角形、数字形等奇形怪状的符号相继出现，从图案特征以及形成的时间来看，既非龙卷风或大地能量网络所为，也远远超出了人类自身的制作能力。这些麦田怪圈不仅具备了智慧特征，还有某些特殊效应：可以使进入其中的人感到不适或者回家后大睡不醒，甚至死亡；倒伏的麦子可以获得40%的增产等。

2001年8月12日在英国曾出现一个巨大的麦田圈，长宽都有400米。构成这个麦田圈的圆圈数目达到500多个。在英格兰，夏天的夜晚只有6个小时，要制造如此巨大的"麦田圈"，需要大量测量工作以及具体操作的人。如果我们减去为了有条不紊地进行工作而做准备的时间，以及为了天亮前不被麦田主人发现而撤走的时间，那么实际上能工作的时间只有4个小时左右。4个小时是4×60=240分钟，也就是说，1分钟要制造两个圆圈才行。而据测量专家们说，要完成如此巨大而精巧的几何图形，即使在白天动员数十人，工作十多天也无法完成。

花样百出的麦田圈

2001年之后，在英国麦田中再度出现很多麦田怪圈。这些图案十分对称规整，艺术性极强，除了具有典型的智慧生物作品的特点之外，某些怪圈的形状居然与1974年地球人尝试发送给外星人的编码图案相同，并附带着许多神秘的外星信息。1974年11月16日，地球的科学家们把有关地球人类的信息转换成二进制密码，从位于美国波多黎各中部的阿雷西沃天文台射向了遥远的宇宙，期待着有一天外星的智能生命体能够收到。2001年8月19日，在英国汉普郡天文台附近的麦田上出现了两个图案，专业人员破译后吃惊地发现：这两个麦田怪圈中居然包含着二进制、原子序号、糖的分子式、DNA的双重螺旋结构等信息，这与30年前地球人类发向宇宙的信息遥相呼应，麦田圈隐藏的信息准确地回应了地球人30年前发射向宇宙的二进制密码。

到2008年为止，世界各地出现的麦田怪圈图案的复杂性以及做图水平之高超已经达到登峰造极的地步。几何图形有对称的、非对称的；有旋涡状顺时针或逆时针的；有圆锥管束状的；有方格状的；有编织状的；有几十米圆圈之内中心点只留两三株麦苗站立的……其艺术之美妙与数学之精确无不令人叫绝。2007年3月，麦田怪圈再次打破常规，在英国威尔特郡出现首例三维立体图案，这越发让世界为之震惊并着迷了。2008年6月18日，仍然是在英国，出现了一个直径为46米的麦田怪圈，内容相当复杂，经过专家研究，最终破译出的答案令人震惊：它竟是一个圆周率"密码图"，象征着圆周率 π 的前10个数字——3.141592654。以此看来，这些麦田圈如果真是外星人所为的话，那么无疑他们也在不断地对创作怪圈进行升级与更新。

2015年7月15日，在英国罗尔莱特石群的奥克森出现怪圈。它直径约为45米，中心是一个小型五角星，五角星中心有一个小的新月，外围是一个巨大五芒星和新月。这个怪圈貌似有着奇怪的力量，据亲身经历者诉说，走进这个怪圈的中心，一瞬间身体里的力量就会消失，就像是体内的力气被抽走了一样。也许，这是一个可怕的魔法阵怪圈。仅仅4天之后，也就是2015年7月19日，在沃里克郡的哈瑟罗出现了一个直径约为60米的怪圈。此圈中心的圆似乎代表太阳，以太阳为中心，八束光向四周延伸，然后在表面爆炸——这仿佛是太阳耀斑。怪圈外侧的小圆圈就像是围绕着太阳的众行星。据说这个怪圈预示着在不久的将来，宇宙中将发生大爆炸并对各行星造成难以估量的影响。

人类该做何感想

面对如此之多并随着时间的推移而花样翻新的麦田怪圈，人类该做何感想？每年4—8月夏季来临，麦田圈都会如约而至，虽然大多出现在英国，但别的国家与地区也时有发现。相同的图案有可能出现在不同的地方，不同的时间也有可能出现相同的图案。有的图案是一次性快速成形，有的则是逐渐完善，有时会在旧图案上叠加新图形，有时麦田圈出现时会伴随很多异像，比如光团或者不明飞行物……种种迹象似乎都在逼迫人们承认：麦田圈是智慧生命所为，且他们的智慧与能力远非地球人类所能及。

直升机之旅的奇妙体验

这些年，乘坐直升飞机俯瞰"麦田怪圈"已经成为观光旅游的时尚，同时也是旅游公司出奇制胜的揽客手段。一些旅游开发商更是在麦田里开辟出道路，由导游引领游客入内，亲自领略麦田圈中种种神秘现象。曾有一份向全球60多个国家发放的1200多张问卷，上面有一个问题是："是什么原因让你愿意去偏远、交通不便的地方？"87％的人答案是："如果那个地方充满了神秘和神奇！"

上帝视角

在电影中，有一种从上而下俯视一切的镜头语言被称为上帝视角。但很多时候，我们受器材和场地的制约，只能被迫以"凡人视角"来审视这个世界。而欣赏麦田怪圈，恰恰最需要的就是"上帝视角"，因为当你身处麦田圈之中时，根本不能看到完整的图案。在从前，摄影师们只能搭梯子或用长竹竿挑起摄像机才能得到麦田圈的完整照片。

乘坐直升机欣赏麦田怪圈最佳的去处当然是英格兰的巨石阵遗迹附近，因为那里是英国乃至世界上出现麦田圈最多的地方。首先，你将在数百米高空将英格兰色彩绚烂的乡间美景尽收眼底。然后，你将看到一个个

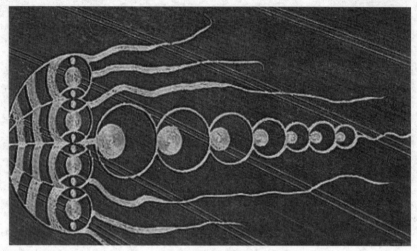

水母状怪圈

美妙绝伦的图案。比如水母状"怪圈"的麦田，该"怪圈"为放射状，长度大约在601英尺（约为183米），从高空俯视，其色调洁白，形态轻盈而流畅，颇具梦幻色彩。

你还会看到一个漫画人物和一家英国公司的蜜蜂标志，这当然是人造的麦田圈，不过从高空俯视仍然极具艺术美感。

经典的麦田圈图案几乎都能在这个神秘地带欣赏到，比如"三重茉莉亚集合""生命之花""外星人头像"等等，无不美妙绝伦，令人叹为观止。尤其是空中鸟瞰那种一览众山小的极致视野，和直升机盘旋俯冲时全身心的悸动，都带给人们巨大的视觉冲击力和无限的遐想空间。

大峡谷、大堡礁、蔚蓝海岸

当然，乘坐直升机旅游不仅仅可以欣赏麦田怪圈，对世界各处名胜同样可以收到"上帝视角"的效果，并且这还是游人欣赏人迹罕至地区风光的唯一途径。比如美国亚利桑那州的大峡谷占地超11平方千米，深度约1英里（约1609米），地势奇险，因此只有乘坐直升机是才能够完整欣赏到大峡谷千变万化的造型。

而要去号称世界冒险之都的新西兰，高空旅行必不可少。如果觉得跳伞和蹦极太过刺激的话，不妨系好安全带，乘坐直升飞机去观光，不但可以飞越白雪皑皑的弗朗兹约瑟冰川、西海岸南岛的福克斯冰川、经典的天空塔、奥克兰的火山岛，还可以鸟瞰著名的月球环形山国家纪念碑和陶波湖的胡卡瀑布以及罗托鲁瓦池的冒泡泥浆。

摩纳哥蔚蓝海岸：这里有星罗棋布的海滩，一场直升机观光正好看看蔚蓝海岸极负盛名的地中海海岸线。掠过微波粼粼的海面，风光无限好。最值得一看的还要数摩纳哥王子宫殿、摩纳哥的磐石、蒙特卡洛赌场和摩纳哥大奖赛的赛道。

大堡礁：常被称做世界八大奇迹，是澳大利亚最吸引人的水下奇观。向往潜水和浮潜的游客可涌向北部海岸去体验多姿多彩的水下珊瑚花

大堡礁

园。然而，想要看看这珊瑚群有多大，还是要来一次直升机观光。观光不仅仅是鸟瞰风景而已，还能进入列入世界遗产名录的单翠国家公园看看白色珊瑚。

鸟瞰地球

我们经常仰望夜空，对点点繁星充满好奇，然而从太空向下看，地球的美丽也同样令人惊叹。

在国际空间站工作的的美国宇航局宇航员道格拉斯·惠洛克曾拍过一系列照片。照片显示了夜间灯光璀璨的伦敦、巴黎、伊比沙岛和马洛卡岛等地中海南部地区，以及从开罗沿尼罗河迂回而下的明亮小镇。其中一张照片甚至捕捉到绿色的北极光在英国上空展开。每张引人入胜的照片都显示，城市就像一个个集线器，围绕着数百万瓦的电流向外发散开来。

国际空间站鸟瞰地球

在国际空间站鸟瞰地球，如果是晚上的话，可以看到欧洲上空较远地方的绚丽北极光。多佛海峡也看得非常清楚，因为它就靠近号称"光之城"的巴黎，而英格兰和伦敦西部上空有少量雾霭，因而模糊一片。在欧洲凉爽的秋夜，可以看到地中海维埃拉地区和分布在海岸线上的美丽城市，从西班牙港市巴伦西亚到意大利里窝那都清晰可见。尼罗河蜿蜒穿过埃及沙漠，伸向地中海，犹如一条会发光的美丽长蛇。城市和小市镇的明亮灯光与周围漆黑一片的夜空形成鲜明对比，这种奇妙景观简直令人难以置信。

③

直面怪圈内的奇异现象

1991年6月4日，以迈克·卡利和大卫·摩根斯敦为首的6名科学家守候在英国威德郡迪韦塞斯镇附近摩根山山顶的指挥站里，注视着一排电视屏幕，希望能记录到一个从未有人记录到的过程：农田怪圈的形成经过。

来历不明的奇异圆圈

这个探测队装备了总值达10万英镑的高科技夜间观察仪器、录像机以及定向传声器。装在21米长支臂上的"天杆式"电视摄影机则使他们拥有广阔的视野。他们之所以选择侦察这个地区，是因为仅仅几个月内，这一带就频繁出现了十几个大小不一的麦田怪圈，这不能不引起研究人员的浓厚兴趣。

但他们等待了20多天，却没有看到任何不寻常的东西出现在屏幕上。到了6月29日清晨，一团浓雾降落在研究人员正在监视的那片麦田的正上方。他们虽然看不见雾里有什么，但继续让摄影机开动。

早上6点钟，雾开始消散，麦田上赫然出现两个奇异的圆圈。6位研究人员大为惊愕，立即跑下山来，进入麦田圈之中。经过仔细观察，他们发现两个圆圈里面的小麦完全被压平了，并且成为完全顺时针方向的旋涡形状。麦秆虽然弯了，但没有折断，圆圈外的小麦则丝毫未受影响。为了防止有人来弄虚作假，探测队已在麦田的边缘藏了几具超敏感的动作探测器。任何东西一经过它们的红外线，都会触动警报器，但是警报器整夜都没有任何动静。由于前两天下过一场雨，麦田里非常泥泞，就是田鼠在这样的地表上爬过，也会留下明显的痕迹，但事实上却没有任何脚印或其他能显示曾有人或动物进入麦田的迹象。录像带和录音带没有录到任何线索，那两个圆圈似乎来历不明。

麦田圈中的奇迹

帕特·德尔加多是一位气象学家和地质学家，他从1981年起就开始研究农田怪圈。他相信这些圆圈是"某些目前科学所未能解释的地球能量"所制造的，就像是百慕大三角所屡屡发生的奇事一样。他曾直面并记录了许多在圆圈里发生的"不可思议的事件"。他发现一些本来运作正常的照相机、收音机和其他电子设备在进了圆圈之后就突然失灵。他又曾经在几个圆圈里录到一种奇特的嗡嗡声，他把它形容为"电子麻雀声"。

1989年夏季某天，德尔加多和6位朋友坐在英国温彻斯特市附近的一个农田怪圈的中央，盘腿冥思，静心感受麦田圈中的氛围与圈外是否有所不同。蓦地，他好像被一只看不见的神秘巨手攫住了，完全身不由已地被巨手推着滑行了6米，一直滑出了圈外。事后，德尔加多认为，这种力量很可能与地球的磁极有关。

在1997年美国俄勒冈州出现的麦田怪圈中，雷比盖特博士和他的同伴发现麦田圈里植物的生长节有所变化，很多麦秆上出现了小洞。他们取了许多麦田圈外的植物样本进行对照实验。让人们吃惊的结果出现了：那些圈外的植物有些也发生了变化，并且离怪圈越远，这种变化就越小。

如果这是人造的麦田圈，那么圈外植物的生长怎么会发生这样的变化呢？另外，在麦田圈和周围的土地上人们还发现了一些人眼无法看到的磁性小粒，离麦田圈越远，这种小颗粒就越少，分布非常均匀，这也不可能是人为的力量可以造成的。

加拿大萨克其万省，原野广袤，麦田如海。一位农民在检查麦子的生长情况时发现一件怪事，即将成熟的麦田里不知何时竟然出现了一个椭圆形图案。他非常惊奇地走向那里，并进入麦田圈中。他开始认为麦子肯定是被风吹倒的，但随即发现麦秆弯曲的形态非常奇怪，全都排列成同心圆状，而且椭圆图样的周边有条曲折小径，沿着螺旋状平伏的麦秆，蜿蜒通向图样的中心。他不由自主地顺着小径前行，当抵达中心时，赫然发现那儿躺着一头豪猪。豪猪早已死亡，四肢摊平，如风干的木乃伊。它显然是运气太差，被造成麦田怪圈的那股力量如同磁石吸铁一样吸引进去，便莫名其妙地遭受了无妄之灾。但奇怪的是，它分明已经死去多日，但在这么热的天气里，尸体竟然不腐。

1927年夏天，在英格兰南部古王国威塞克斯，少年希尔漫不经心地踏进山脚边的旋涡状大草圈。他从前曾在另外一个地方见过这样的草圈，所以对它并不陌生，并称之为"女巫圈"。但他感兴趣的并不是草圈的图样，而是在里面会发生一些很奇异的效应：把刀插入草圈中央，刀子就会磁化；他会感到脚底瘙痒；他的手表也受到磁化而停止；指南针不指向北极，而是指向草圈中央；而他一向忠诚的狗也忽然背叛了他——拒绝跟他一块儿进入圈内。另外他还嗅到一股类似"电击灼伤"的味道，在他回去时，居然被他骑来的自行车电了一下，因为车子被充满了静电。希尔没想到还会在这儿遇到第二个相同的草圈，不过，这次探险回到家之后，他却头疼得厉害。

　　有很多亲历者曾在麦田圈里看到或拍到奇怪的光点，光点通常是球形、柱形、螺旋状或雾状的。在照片上，这些光点经常显示得很模糊，好像是相片底片曝光异常点一样。有时候，这些光点是白色的，有时候是红色的。实际上，这些光点偶尔会在后面留下遗迹并向我们展示它们真正的形态。一个亲自直面过麦田圈奇妙现象的人拍摄下的一段录像非常有趣：一只雄鹰把一个麦田圈内的光点当成了猎物，从天空俯冲而下，铁爪如钩般探出，凶狠地扑向它意识中的美味。那光点也当真如鸽子一般灵活闪避，双方在距离地面很近的空中一番腾挪折冲，快速无比，看得人眼花缭乱。但是后来，雄鹰也意识到自己被戏弄了，所以振翅升空，迅速远去。

从高空俯瞰纳斯卡线之谜

秘鲁南部的纳斯卡高原，荒凉而广袤，一条总长度约13000公里的线条纵贯其中，并组成了各种几何图案、人形图案、动物图案等共800多幅。这些巨型线条与图案被刻画在地表上，若想览其全貌，只能从高空中鸟瞰才行。

纳斯卡线是被一位名叫保罗的博士发现的。1939年，他为了某项研究乘坐飞机在纳斯卡高原上空飞行，无意中发现了这些"天书"与"地

纳斯卡线条

画"。博士公布了这个发现之后，世界为之震惊，并引发一波波的研究热潮。但多年来，没人能够知道纳斯卡线条的来龙去脉，也不知道是谁以及为何、如何创作了它们。所以，与麦田怪圈之谜一样，纳斯卡线条也成为世界未解谜题之一。现在，就让我们跟随几位探索者乘坐飞机从高空来看看这究竟是怎么回事吧！

神奇的纳斯卡荒原图案

2015年12月，一个由12人组成的旅游参观团来到秘鲁。这是一个晴朗的上午，他们坐在秘鲁皮斯科机场候机室中等待飞机起飞，长窗外强烈的阳光倾泻而下，耀眼生花。他们知道，这是秘鲁这块干燥的土地惯常的景象。百无聊赖中，有人拿起一份飞行示意图，看着上面的几何图案所标示的"纳斯卡线条"，这正是他们此行的目的地。

他们通过种种渠道得知了南美秘鲁纳斯卡地面上的各种线条组成的图形，无不感到神秘莫测，从此便对此地心生向往，期待着有一天可以亲自去看看。想到见证奇迹的时刻就在眼前，他们心中都十分激动。

飞机终于起飞，载着他们飞向蓝天，飞向纳斯卡高原。飞行员说，40分钟后才能飞临纳斯卡线条以及图画所在地区，这段时间他们可以先欣赏一下沿途风景。

秘鲁南部大片荒漠非常干燥，且沟壑纵横，景色单调而缺乏变化，参观者无不觉得昏昏欲睡。但飞临纳斯卡荒原上空时，他们立刻精神大振，因为那些神秘图案就要出现了。然而，意料中的景象并没有出现，下方几百公里的大地上，只有横七竖八的线条，看不出任何形状，难道是飞得不够高吗？

飞机一会儿向左倾斜，一会向右倾斜，这是为了方便两边的旅客都能看到地面景色。众人觉得有点像坐过山车。这种大幅度翻转让部分参观者感到不适，但也有人似乎习惯了这种场面，依然端着相机全神贯注地寻找地面上的图形。飞行员操纵飞机左右倾斜并非随意，而是每一次倾斜都意味着下面会出现图案，但大家就是找不到。当地面上终于有一个清晰的蜂鸟图案出现时，他们才恍然大悟：他们之前以为图案肯定巨大无比，注意力都集中在那些大线条上了，其实从空中看，图案不过拇指大小而已。他们没有掌握住图形的比例尺寸，因而即便有图形出现，也视而不见。

外星人、鲸鱼、秃鹰

觉察到合适的比例关系后，他们便陆续找到不少"地画"。当发现一座红色砂砾岩的山坡上一个眼睛又大又圆的小人时，他们感到既震惊又兴奋，"小人"和传说中的外星人很相似，左手扬起，似乎在向他们致意。还有一个鲸鱼图案被公路拦腰切成两半，很难辨认。一只秃鹰的翼展

纳斯卡"小人"

竟达120米，巨大无比，甚至超出了摄像机长焦镜头的范围。看得比较清楚的是距离公路较近的一个"手形"图案。它的附近设置了一个观景台，不必乘坐飞机也可以看到。

其中一只50米的大蜘蛛图案非常清晰，这种蜘蛛学名"节腹目"，十分罕见，只有亚马孙河雨林中才能找到。这不免让人感到疑惑：图画作者是怎么知道这种蜘蛛的？难道他们曾翻越高耸险峻的安第斯山脉，进入过亚马孙河流域，并抓来一只节腹目蜘蛛作为临摹蓝本？纳斯卡动物图画中，除秃鹰之外，几乎全部图案形象都来自外地甚至是十分偏远之地。线条与图案的分布范围由北向南，北由RioIngenio河开始，南至RioNazca河的广大区域。作画方式简单而独特，削掉地面坚硬的表层石块，露出下层泥土，若只从地面观看的话，那无非就是砂砾上的一条条弯曲小径而已。但每一根线条的长度都很惊人，一般可以绵延9—10公里，有的甚至更长。所以，这种图案只有在300米以上的高空才能看到全貌。

飞机参观规定为35分钟，在这段不算长的时间里，他们从空中见证了这个举世闻名的考古谜题。纳斯卡线条是以精确几何图形构成的线性系统，这在没有任何精密测量工具的条件下是如何完成的，实在难以想象。

小链接：纳斯卡的杰出女儿

德国的考古学家玛丽亚·莱切是一位重要的纳斯卡线条研究学者，她从1948年开始研究纳斯卡线条，从此就再也没有离开过这片荒漠，一生守护着纳斯卡地画，以严谨的职业操守以及无比的耐心，默默勘查、清理地面，整修线条，探明并修复了1万条线条、60个动物和人的图像、40多个三角形和不规则四边形。她去世后，也葬在了这片她为之奉献了一生的土地上。纳斯卡线条于1995年被列入世界遗产名录，这完全得益于玛丽亚·莱切的工作。所以，她被纳斯卡镇命名为"纳斯卡的杰出女儿"。

每个人来到这个世界都有各自的使命，玛丽亚的努力让人们对这个世界多了一份好奇、惊奇和牵挂，她应该得到人们的敬重与怀念。

麦地里悬而未决的生命奇观

麦田怪圈的图案复杂而深奥，蕴含无数神秘信息，引人无限遐思。除了普遍的几何图形之外，还有"外星人脸""太阳系""生命之花"等经典图案。另外，以地球生物形象为蓝本的麦田圈图案也不断出现，比如蝴蝶、蜘蛛，甚至是长达180米的长尾蝎子等。这饱含生命力量的奇观究竟有何含义，还有待于研究者去破译。

"蜻蜓"与"水母"麦田圈

20世纪90年代在英国出现的麦田圈"水母"以及随后不久出现的巨大麦田圈"蜻蜓"，让麦田圈爱好者异常兴奋——终于能够第一眼就识别出这些图案了。但人们又难免疑惑重重，这些看似普通的动物形象有什么更深层次的暗示呢？人们把蜻蜓视为益虫，它们一般在春、夏、秋季最活跃。闷热的夏季，在乌云密布、暴雨就要来临之际，会出现大量蜻蜓低空飞行的现象，因为这个时候害虫也热得难受，到处挣扎，最适合蜻蜓觅食。

玛雅人把蜻蜓作为羽蛇神的象征符号之一。羽蛇神的名字叫库库尔坎（kukulcan），一般被描绘为长羽毛、会飞的蛇的形象，是玛雅人心目中掌管雨水和丰收同时也包括毁灭的神。羽蛇神头部的造型和我们的龙非常相像，而且两者都与祈雨有关。因此，包括墨西哥和中国的一些学者

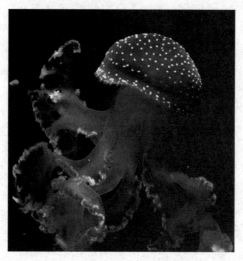

水母

在内，世界上有许多研究者都认为，墨西哥印第安人的祖先可能来自中国，中墨两国古代文明可能有某种联系。现在你知道为什么蜻蜓的英文叫"dragonfly"，而龙的英文叫"dragon"了吧，原来它们本来就是密切相关的。

蜻蜓图案的麦田圈非常精致，整体结构简洁生动，网状翅脉极为清晰，一对复眼被描绘得十分形象。蜻蜓的腹部似乎正在向外发射某种能量。

而三天前出现的水母麦田圈，长达183米，宽约46米，完美的造型令人惊叹。水母的外形总是给人以轻柔、唯美、浪漫的感觉。水母虽美，但比眼镜蛇更危险。美国《世界野生生物》杂志综合各国学者的意见，列举了全球最毒的10种动物，名列榜首的是海洋中的箱水母，其外形与这个麦田圈相似。箱水母又叫海黄蜂，属腔肠动物，主要生活在澳大利亚东北沿海水域。成年的箱水母有足球般大小，蘑菇状，近乎透明。一个成年的箱水母，触须上有几十亿个毒囊和毒针，足够用来杀死20个人。它的毒液主要损害的是心脏，当箱水母的毒液侵入人的心脏时，会破坏肌体细胞跳动节奏的一致性，从而使心脏不能正常供血，导致人迅速死亡。

是自然灾害的预示吗

据报道，人类过度捕捞的行为导致水母的食物竞争者减少，因而大量繁殖。而气候暖化及海水的富营养化致使海洋浮游植物数量猛增，进而形成海水缺氧的"死亡地带"。在这种情况下，水母依然能够存活，而其他鱼类则不能，这些地带因此进入了水母"统治"时代。巨大的水母将会冲破渔网，毁掉养鱼场（它们会吃掉鱼卵和其他动物的幼虫）。

目前，水母在亚洲南部、黑海、墨西哥湾以及北部海域等处数量非常巨大。难道，水母麦田圈图案预示着地球环境恶化即将带来灾难吗？

以动物为主体形象的麦田圈在此之前出现过很多次，有的麦田圈爱好者把它们归结为对某种自然灾害的暗示。比如1994年出现过"蜘蛛"和"蚂蚁"的图案，而在1995年，非洲和中国的山东等地都出现了严重的虫灾。再比如2008年出现了"蝴蝶"图案，而在2008年，亚洲、北美等地都受到了寒流和暴风雪的袭击，伊拉克首都出现了一百年以来所未见的降雪，中国南方出现极端暴雪天气，这些异常天气产生的原因被解释为"蝴蝶效应"（用来形容气象学面对的全球天气系统的复杂性，据说，某地一只蝴蝶翅膀的振动，有可能引发几千公里外的一场巨大风暴）。

当然，上面的猜测还缺少科学依据，这些动物图案究竟有何用意，可能只有制造这些麦田圈的人才有发言权。

058

善待怪圈地里的主人们

麦田圈现象固然引起了无数人的兴趣，激发了艺术家的灵感，拓展了科学家或研究者的思路，甚至还给出现麦田圈的地区带来旅游创收。但是，作为农场主或者麦田主人，如果发现他们的庄稼地里出现麦田圈，无论这图案有多么美，也会让他们愤怒无比甚至痛心疾首，因为这意味着粮食减产，一年的辛苦几乎白费。

农场主对麦田圈的态度

当德国慕尼黑南郊的农民阿尔福斯发现即将成熟的麦田不知何故大片倒伏时，当即火冒三丈，并毫不犹豫地报了警，因为他认为这肯定是那帮放暑假的野蛮学生的恶作剧。

无独有偶，1999年6月25日清晨，俄罗斯南乌斯诺叶村村民也遇到了同样的事情，他的反应与德国的阿尔福斯先生一模一样。原因就是一夜之间在他的麦田里出现了4个大圆圈，最大的一个直径为20米，其余3个直径为5—7米不等。大圆圈中心有一个20厘米深的筒状圆坑，坑壁光滑平整。该村民火冒三丈，认为麦田里的麦子是遭到故意毁坏，立即向地方官员报告了这一"破坏行径"，并强烈要求警方抓到"那个做坏事的坏蛋"，赔偿他的所有损失。

印尼日惹曾出现一个"麦田怪圈",是当地村民在村子附近的稻田中发现的,那是由倒伏的稻株和完好稻株共同构成的复杂图案。图案总体呈圆形,直径约为70米,内部由规则的环形、扇形及一些不规则图形组成。虽然麦田图案非常美丽,但村民却无心欣赏,且懊恼无比,因为水稻将要成熟,这将会给收割带来麻烦。

不过,也有反应与上述情况不同,甚而转忧为喜者。1996年,在英国,麦田圈出现了有史以来最优雅的代表作——茱莉亚集合。麦田主人原本充满敌意,不让任何人接近麦田圈,说那全是坏蛋的恶作剧,还说凶手要为自己的过错付出代价。他不但怒气冲冲,还用各种手势来宣泄情绪,甚至表示要拿出猎枪自卫。然而,当他从别人给他的麦田圈空中照中看到那宏伟的图案及映衬在背景里的石柱圈时,突然吼了一声:"噢,我的上帝!"立刻带着儿子到田里去了。他儿子非常机灵,在一块饱经风霜的板子上写了几个字,插在麦田入口:"欧洲最棒的麦田圈,参观费2英镑"。这主意实在不坏,起码可以弥补一些麦田圈带来的损失。

善待麦田主人

所以,无论是作为麦田怪圈纯粹的旅游观光者,还是专门研究者,在进入麦田圈时,一定与麦田主人沟通好,善待他们,若有必要,一定要给予相当的经济补偿。长久以来,麦田圈的拥趸们已经总结出几条准则:

1. 进入麦田圈之前,应该得到主人的许可。
2. 最好从栅栏门或田间小路进入麦田圈,不要随意翻越围栏。

3. 不要在麦田里抽烟。

4. 一旦进入麦田圈，应尽量沿着拖拉机留下的车辙接近麦田圈，不要在地里踩踏出多余的痕迹。

5. 不要把摩托车、自行车、宠物等带入麦田，以免给麦田带来额外的破坏，毕竟麦田主人已经因为麦田圈遭受了一些损失。

6. 不要在麦地乱扔垃圾。

追寻最古老的记忆

从"看图猜谜"这个表达方式来看，古往今来，地球上很多地方都存在着与麦田怪圈类似的现象，比如纳斯卡线之谜、旷野中的巨石阵等，它们的来历像麦田怪圈一样神秘，也与麦田怪圈一样似乎与外星人有关，这其中尤以遍布世界各地的岩画最为古老。

世界各地的岩画

据考古发现，世界上存在大量的史前岩画，且种类很多，以亚洲尤其是中国为最多，俄罗斯以及南韩也有少量分布。这些岩画主要以磨刻人面图形为主。近年来，在北美洲西海岸乃至阿拉斯加到加拿大西海岸，也发现大量同一类型的岩画。据统计，这样的遗址全球有230余处，岩画数量总数大约在一万幅。

撒哈拉，即阿拉伯语"大荒漠"的意思，它也的确是世界上最大的沙漠。此地极端干旱缺水，土地龟裂，植物稀少，绝对属于兔子不拉屎、鸟不生蛋之处。然而，令人惊奇并迷惑的是，这儿竟然曾经有过繁荣昌盛的远古文明。

证据就是沙漠上存在许多绮丽多姿的大型壁画。这些壁画以动物形

撒哈拉沙漠岩画

象居多，千姿百态，各具特色——受惊动物到处狂奔，四蹄腾空、势若飞行的形象栩栩如生，场面宏大，气氛紧张，创作技艺非常高超。从这些岩画中可以推想出古代撒哈拉地区的自然面貌。还有一些划着独木舟捕猎河马的壁画说明撒哈拉曾有过水流不绝的江河。无疑，这是人类远古文明的结晶，但如今的人们不仅不知道这些壁画的绘制年代，而且对壁画中诸多奇谲的形象也茫然无知，撒哈拉沙漠岩画成为人类文明史上的一个谜。

据早期考古研究发现，分布在天山、阿尔泰山、阿尔金山和昆仑山中的岩画大多是古代游牧民族文化的遗存。中国新疆遗存的岩画主要见于高山牧场、中低山区以及牧民们转场的牧道上，有刻画和彩绘两类，部分河谷地带也有发现。

岩画制作的场地大部分都选择在具备黑砂岩、花岗岩和板岩质地的山区，岩面大多朝东向阳，岩画风格粗犷雄浑，大多采用粗线条的阴刻。彩绘的岩画多见于山壁洞穴，用一种赭石色的矿物作原料绘制。岩画的主题有动物画、狩猎画、放牧画、车辆画等，有的岩画在地势险恶的悬崖峭壁，这更加令人怀疑当初是什么人以及怎样刻上去的，但至今无人知晓。

这些分布于世界各地的岩画大多具有共同的制作技法、构图特征、表现风格以及对岩画凿刻地的要求。遗址中经常出现的三种符号是太阳形、同心圆和众多小圆凹，这与麦田圈的几何图形何其相似。

也许，在最广泛的意义上，岩画即是地球上出现最早的麦田怪圈，所不同者，无非是"作画"的场地以及手法而已，就如同两种语言在表达同一个意思。我们或许可以这样理解：岩画与麦田怪圈是同一个作者，即外星人，目的都是向人类传达某种信息。从前，他们将这些几何图形凿刻在山岩上，大约是因为岩石坚固，图画可以长久保存，但后来他们意识到山洞往往人迹罕至，传达信息的及时性效果不好，然后才在人类聚居之处，比如麦田、稻田、油菜田等"作画"，以达到实时交流的目的。

8

探索最新的踪迹

麦田圈神秘现象层出不穷，几十年来一直引起人们的兴趣。而麦田圈制造者也似乎不愿意辜负人们的期待，持续不断地创造着各种图案，与时俱进地展现着新的风采。

意大利最近出现的麦田圈

2015年5月21日，日环食奇观在全球多处地方上演，最佳观测地点为美国西南部新墨西哥州的阿布奎基市。与此同时，意大利布拉恰诺市的小镇上出现了奇怪的麦田圈，敏感的人们当即想到两者之间或者有什么联系。但事实上，意大利的时区与美国不相同，所以当时并不能看到日环食。

但从图案上看，这个麦田怪圈却与此次日环食现象存在联系，并且表明创作者拥有高级的地球天文学知识。

以地球为观测点，日食天文现象的出现极具周期性，一般从两极中的南极或者北极开始，以螺旋式路径出现并逐渐穿过赤道，最终抵达另一个极点，这个周期可长达数千年之久。令人惊奇的是，意大利小镇上出现的麦田怪圈就具有两个螺旋特征，整体的构图是从扁平的中心移动螺旋式向外层牵动，设计精密，制作完整，并与天文日食现象的螺旋推进暗合。无论是谁设计了这个麦田怪圈，他都必须拥有大量的天文知识，具备相当的技术操作能力。这意味着这个"麦田怪圈不太可能是恶作剧者所为"。此外，还有目击者称自己在黎明时分看到麦田周围出现了圆盘状的物体。这进一步把人们的注意力引向了"外星人"，激发了研究者的热情。他们认为，这个麦田怪圈象征着日环食天文学现象，是外星人在向人类展示日食周期规律。

但这个观点并未得到广泛认同，因为观看日环食的最佳地点位于美国西南部新墨西哥州的阿布奎基市，当地时间为5月20日傍晚7点左右，而这时候的意大利却是次日凌晨3点，麦田怪圈的发生时间在日环食之前，与麦田怪圈并非同一时刻出现。

事实上，当时发生的日环食，不但在意大利的任何地方都看不到，整个欧洲其他地方也同样看不到。这次日环食阴影带的推进路径是从中国内陆开始，然后越过辽阔的太平洋，最后抵达美国。人们还会问，若外星人真的在向人类传达日食信息，那这个图案的制造场地何以选在偏僻得几乎无人问津的小村镇？这种牵强附会的事件，好比美国的罗斯福伸了个懒腰，英国的丘吉尔同时打了个喷嚏，这种情况当然有可能发生，但是没有任何意义。

麦田怪圈的神秘莫测，激发了人们无尽的想象力，同时也将人们潜意识中的需求反映出来，让人们按照自己的主观意愿对其进行自由解释。

墨西哥以及美国最新发现的麦田怪圈

2016年6月21日，墨西哥惊现麦田怪圈，具体方位是首都东北方向25公里处的特斯科科。在这个麦田圈出现的头天晚上，当地阴云密布，附近的人们发现天空出现强光。翌日早上，他们便在一片广阔的麦田中发现多个不规则的麦田怪圈。

人们立即向警方报案，墨西哥相关部门迅速派人抵达现场，实行戒严。消息传出，墨西哥首都大有万人空巷之势，大约有2千人纷纷前往观看并拍照，这其中还有多名科学家。

这个麦田圈图案的形状与从前的麦田圈不太一样，一点都不规则，让人们怀疑制作者可能饮酒有点过量——即便他是外星人。

2013年12月29日，美国加州萨利纳斯的农场出现神秘大麦田圈。首先发现这个麦田圈的是美国加州的一对好朋友。他们当日清晨在田野看到两道强光，非常奇异，两人急忙跳进车子里朝光的方向驶去，紧追不舍，不久之后就发现这个神秘的麦田圈。他们甚至还翻过农场围篱进去仔细观看。该麦圈由圆形及方形图案组成，面积居然有1200多平方米。有摄影师特地搭乘直升机从高空拍摄全貌，并表示麦田圈很美丽，很像是外星人的大手笔。消息传出后，大批民众前往观看，但麦田圈很快被安全人员包围，一般人根本无法靠近。这个麦田圈制作精良、画面优美、工程浩大，让人们很怀疑外星人这么做是否划算。

NO.3 | 追根溯源 |

麦田怪圈如何形成

全天候监测行动：白鸦行动与黑鸟行动

1989年6月，人类历史上第一次有组织地"抓捕"麦田圈制造者的行动——白鸦行动开始了。在短短一周多的时间，几十个人24小时不间断地监视着麦田，而它却出奇的安静，似乎什么都没发生。就在大家对一无所获而倍感失望的时候，在此次行动的最后一天，诡异的现象一个接着一个出现了……

白鸦行动

白鸦行动由安德鲁斯、德尔加多和泰勒三个人策划和发起。之所以决定发起这个行动，主要是想亲眼目睹麦田圈的形成。关于整个行动的开展过程，他们曾陆续发表在杂志和出版物中，也在一些访谈节目中介绍过。他们选择了英国汉普郡温彻斯特附近的麦田作为行动地点。这儿是一个天然的、圆形剧场形状的麦田。多年以来，这里出现了很多次麦田圈。此次行动持续时间为10天。他们将一辆箱式车作为指挥中心停放在麦田附近的一个观察点。这辆车配有低亮度且高清晰的照相设备。研究团队共由25人组成，至少4个人一组，24小时不间断地观察麦田。

尽管在附近地区曾经多次出现过麦田圈，但是在白鸦行动期间他们并没有捕捉到新形成的麦田圈。然而，在晚上，麦田的上空却发现了一些异常的亮光，白鸦行动的观察人员迅速用内有高速35毫米胶片的相机拍下。同时，另一个观察人员也用一个低亮度的照相机捕获到这个光点。这些奇怪的东西在其他的照片中也出现过，但究竟是什么东西，所有人都莫名其妙。接下来的一周多时间，麦田中没有任何动静，所有观察人员都感到沮丧与失望，认为这次行动要无功而返了，但就在最后一晚，不寻常的事件发生了。

当晚，天空中有很多云，50几个行动人员共同在一片麦田里观察。他们本来以为事已至此，已经没有机会发现什么特别的东西了。突然，不知从哪里冒出来一个小小的但很明亮的光点，并快速向这边冲过来。就在他们瞠目结舌的瞬间，光点已经抵达他们头顶，且一下子分成两个部分，一个飞向左边，另一个飞向右边。光点似乎在到达云彩的边缘后就消散了。上述动态过程，在场每一个目击者都看到了并做出了相同的描述。但是，值得注意的是，他们中有半数的人看到这个光点是白色的，而另外半数看到的是深红色的，他们都坚定地认为自己看到的颜色才是准确的。但他们当时只是随意站在60步远的区域内，看到相同颜色的那部分人并没有站在同一个地点，那么为什么对于同样一个物体，会有两种截然不同的观察结果呢？至今没有人知道答案。

黑鸟行动

继白鸦行动之后，另外一次麦田圈监视计划于1990年7月23日开始进行。此次行动的目标是要第一时间拍摄新出现的麦田圈。监视地点设在属于国家防御组织的一片高地，因为当时麦田圈在这个地方出现的概率远远高于地球其他地点。黑鸟行动由BBC电台和Nippon电台共同策划，投资巨大，称得上有史以来花费最多的一次，所使用的红外线摄影机、录音机和影像增强器等价值达到100万英镑以上。此处后方是严禁擅闯的军方测试基地，因此军方也要求参与行动。对此，黑鸟行动小组无法拒绝。军方派出休假士兵负责巡视附近丘陵，他们所使用的夜视设备更加优良。

侦查第一天晚上，没什么动静。第二天晚上，7名主要研究者决定提早收工，事后却后悔莫及。晨光乍现之时，有人发现距离丘堡不到1千米的麦田里出现了痕线，不过因为角度关系，一时无法判断是什么。所有人为此都感到兴奋无比，并迫不及待地对媒体宣布这是一个了不起的事件。不过，研究者匆匆看过昨晚的录影带，觉得好像哪里不对劲。麦田圈的特征之一是作物呈旋涡状倒伏，像这次这种情况之前从未出现过，而且麦梗全都折断了，麦田里被践踏得乱七八糟，线条偶然随意，显然是伪造的。更难看的还在后头，每个麦田圈中央都摆了一个占星盘和木十字架。附件还有一条红绳子扔在地上，正好让摄像机拍到。这是第一次有"作图工具"出现在现场。媒体则很有些幸灾乐祸地将这场明显的骗局大肆传播。结果，所有主要的麦田圈研究者都被羞辱了一番，不断遭到来自各地人们的冷嘲热讽。

虽然遭此挫折，部分研究人员仍然锲而不舍，继续执行前途看来无望的侦察行动，其他人则火速离开这个难堪之地。骗局发生10天后，麦田里再次出现旋涡状的倒伏现象，整个过程非常快，前后不到15秒，被日本电视台的夜视摄影机拍到。新的图案形状介于精子、问号和等角螺旋之间，距离之前的假麦田圈只有300米。但可惜的是，这回没有观众守在电视机前分享这一刻。因为经过上次那场笑话之后，人们对麦田圈不再感兴趣，好像麦田圈有一次是假的，那么之后出现的麦田圈都会是恶作剧的结果。

英国军方的花招

黑鸟行动的结局是戏剧化的。研究者发现黑鸟行动被政府控制了，摄像设备的技术弱点被利用，电话被窃听，行动中的一切细节都被别人掌握，并且有人提供了虚假的消息。一切显示，似乎政府不愿意让人知道麦田圈的真正形成原因，而故意使用了某些"障眼法"。第一个麦田圈是一场精心策划的骗局，目的自然是误导国际媒体，这显然是想给麦田圈制造者泼冷水。有人推测说这是因为英国当局者担心麦田圈研究可能变成新兴宗教。后来有人挺身而出说出真相："前几天我接到朋友的电话，他和可靠的军方高层人士有接触。他跟我朋友说，那次假麦田圈是英国陆军特勤小组弄的，由国防部直接下令。行动事先经过仔细策划，趁天色灰暗迅速准确完成……"

英国一名陆军下士对媒体发表的一次言论，为这场骗局下了最好的注脚："我们（军方）来这里是要证明麦田圈是人造的，科学家却正好相反。"

"银河"麦田圈，10英镑的悬赏

2001年夏，在英国的麦田里出现了一个令人惊异而费解的复杂麦田圈，它由409个大小各异的圆球组成，麦田圈最大直径238米。专家称，它中心最大的那个圆球象征着星系中心，向外延伸出的6条螺旋状旋臂象征着星系中旋转的星系旋臂。星系的每条旋臂严格按照"小→大→小"的天体质量大小的顺序排列，这种排序符合星系中保持天体质量平衡的天体力学原理。大圆球两侧的最小圆球象征着行星周围的卫星。这个麦田圈后来被称为"银河系"，它复杂而精密的结构无与伦比，看起来绝非人类所能制作。世界上关于麦田圈现象究竟是外星智慧还是人类恶作剧引发了无数口水仗，人们至今对此仍然莫衷一是，所以英国一个专门研究麦田圈的组织决定借此机会发起一次仿制麦田圈的活动，并悬赏10万英镑巨额奖金。

英国麦田圈小组向全世界发出的声明

我们提供10万英镑（约合100万人民币）给任何人，如果他能复制2001年8月14日在英国牛奶山出现的"银河系"麦田圈。

为了使巨奖能众望所归，因此制定一些条例。挑战者必须同意以下条件，打印出来并签名完全同意，发邮件给我们。我们将会公开在网站上，作为他们完全接受这项挑战的庄重协定。

规则和条件：

1. 凡参赛者，首先要寄给我们一个录像或者照片资料，以证明他们的能力。他们的"简历"必须证明他们之前制作过麦田圈。第一个条件通常是用来区分那些真正的麦田圈与恶作剧的：

A. 麦田圈内必须没有脚印；

B. 麦田圈内必须没有损坏的茎干；

C. 麦田圈必须为完美的几何形状。

为了满足条件"必须没有脚印"，整个麦田圈区域必须浸湿或者预先用高压水枪浇灌。

申请人的视频资料必须清晰地展示其制作麦田圈的全过程。每个申请人递交的视频和图像资料必须无可争辩地展示没有脚印和被损坏的茎干。

这些视频和照片会被麦田圈组织严格审定，选拔出符合要求的挑战者。如果申请被驳回，他们的视频和照片材料会公开在网站上，供大家和他们自己判断。此举是避免任何恶作剧的必要过程。

2. 挑战大赛的报名时间为2012年7月2日至8月31日（参赛资料递送）。之后主办方会对参赛资料进行研究审定。参赛资料通过审定后，为了保证双方的权益，主办方会立即召集律师，将相关规则拟订为合同。

3. 2012麦田挑战大赛仅限英格兰地区。

4. 挑战时间由双方事先协商决定，不得以任何天气因素为借口推脱。

5. 麦田圈的大小和几何形状必须精准地符合"银河系"麦田圈。制作完成后，立即会有专业的摄影师在空中进行拍摄，以确保满足条件。

6. 被挑战者选中的麦田圈区域，必须被雨水或者高压水枪浇灌一足深。这个步骤会在轨道拖拉机的跟随下完成。灌溉未被完成之前，任何人不得进行麦田制作。整个灌溉过程不得超出5个小时。我们会雇佣一个私人事务所提供正确的方法步骤和安全指导。麦田圈必须在夜晚6个小时内完成，从晚上11点至次日早上5点。

7. 每小组只能有5人参加麦田制作。

8. 麦田圈内的茎干不能被破坏。"茎干不能被破坏"指的是如果麦田圈每平方米存在5株以上破坏的茎干，则麦田圈挑战视为无效。

9. 一旦挑战完成，双方当事人需对以上条件达成一致。如有争执，所有资料将会递送至法定代理人。

10. 一旦麦田圈挑战者赢得挑战，将会获得10万英镑的酬劳。如果他们未能通过，比如违反了相关规则，则花费自理。

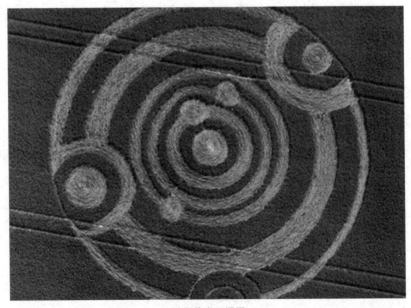

神秘的麦田怪圈

11. 外星人不能参与帮助麦田圈制作。但是欢迎他们在附近区域观看制作过程。

12. 如果多个材料在同一时间递交，并符合上诉规则，将会在其中选出最佳挑战者。如果之后有更优秀的挑战者，则会取代之前选出的挑战者，以此类推。若在8月31日前收到挑战材料，如果有可用的麦田，则在本年进行。如果没有，则向以后的年份推迟。如果今年没有胜出者，则年复一年地进行挑战，直到麦田圈真相大白，或者英格兰不再生长麦子。

无人应征

距离2012麦田圈挑战赛结束只有45天时，英国麦田圈小组还没收到任何申请，只有两个咨询问题的邮件。麦田圈小组对邮件中所提出的问题给予了的回答，证实该组织举办这次活动的合法性，以及支付奖金的经济能力，同时庄严宣称：我们致力于让更多的人知晓真相，我们的目标是铲除那些谎言，还原真相。我们坚信，这终将造福全人类。但这次令世人瞩目的悬赏活动至今无人应征。

有人说，天底下出现的麦田圈都是地球人为制造的。但人类究竟有多大本事能包揽全世界一万多个麦田圈的"承制"工程？上述事实和麦田圈的多年研究充分证明，真的假不了，假的真不了。"银河"麦田圈悬赏活动最终虽然不了了之，似乎没有得到任何结果，但这没有结果的结果却证明了并非所有麦田圈都是人类的恶作剧。

气候才是罪魁祸首

威尔特郡曾是英格兰南部古王国的京畿地区，这是一片广袤的低地丘陵地带，地势微微蜿蜒起伏，如平缓的波浪。此处土质松软，多为白垩土与黏土。丘陵上长满了牧草与农作物，放眼远望，天空深邃，云脚低垂，几株树木点缀在地平线上。树木稀疏的原野上，隔着山楂树丛，矗立着数百座土墩，使大地更加凹凸不平，这些远古遗迹经历了千年的风雨侵蚀，依然屹立不倒，固执地诉说着历史的隐晦故事。

同样盘踞在这块大地上的，还有更令人着迷的石柱圈，这些构成圆圈的巨石身姿魁伟挺拔，面对时空流转，昂然直立，如傲视尘世之巨人。它们提醒世人，在远古的新石器时代，地表上遍布彼此相连的石柱圈巨大网络。事实上，这里也是欧洲乃至世界上出现麦田怪圈最多的地方。于是，人们自然而然地会想到：两者之间是否有什么关联呢？但前者与麦田圈一样，本身也是一个谜，人们不可能从一个谜中得到另一个谜的谜底。但追问因果是理性生物的本能，在没有得到公认的正确答案之前，人们会不停地追问下去，这个模式一般是这样：是什么？为什么？怎么办？

大风吹出的图案吗

麦田怪圈给人的感觉非常神秘，没有人真正见过它的形成过程，即使有科学家夜以继日地呆在麦田里观察，但麦圈形成的时候仍然是什么都见不到，这更让麦田圈的神秘性大增。当然，有些麦田圈确实是整蛊者的恶作剧，但人为的与自然形成的有着巨大差别，略微有些关于麦田圈的常识就可以轻易分辨真伪。那些明显是非人造的麦田圈又是哪种自然力量促成的呢？这个问题至今还是众说纷纭、莫衷一是，除了对外星智慧的猜测之外，研究者还是尽力要给大众一个科学的、符合平常逻辑的解释。

威尔特郡布雷顿丘堡下面的燕麦田里曾出现过三个正圆形麦田怪圈，圆圈中的燕麦全部呈螺旋状，整整齐齐地平贴地面。这个麦田圈的照片刊登在报纸上之后，引起了著名气象学家梅登博士的兴趣。梅登博士是"龙卷风与风暴研究组织"的创始会员，主要研究的便是气候现象。调查后，他认为这三个正圆是静态旋风造成的结果，虽然短暂的风暴通常会将植物连根拔起并吹向空中，与麦田圈中麦秆平顺整齐的现实状况并不符合，但在没有更合理的解释之前，大多数人对他的说法都表示认同。

但一位农田曾惨遭麦田圈"蹂躏"的农场主却不这么认为，他说："大风大雨我见得多了，但从来没见过大风吹出来这么圆的图案，这件事绝没有那么寻常！"这位农场主的管家记得，第二组麦田圈出现的前一晚，有一种异常的轰鸣声从田里传出，持续了将近20分钟。他们养的一条狗一反常态，狂吠了几乎整晚。事后，调查人员询问了农场主以及他的邻居，想知道麦田圈中有没有人走过的痕迹，人们都说没有发现任何人进出的迹象，只有麦田圈里凭空出现的圆形图案。

气象惹的祸吗

气象学家梅登博士热衷于以气象理论来解释麦田圈，他推论曾出现于英国的三圆同线麦田圈是三个旋风同时作用的结果。至于五连环麦田圈，他认为是多重旋涡的结果，是中央大旋涡的垂直入流风稳定住了周围四个小旋涡，才造成对称排列的麦田图案。总而言之，麦田圈"都是气象惹的祸"的理论在某个时期曾经甚嚣尘上，"旋风成因说"被认为是最有"科学"根据的理论。他们说旋风的旋转气流能裹挟着空气压向地面，进而使麦穗弯曲和倒伏，神秘麦田圈都是旋风或龙卷风过后形成的。也许，这在某种程度上可以解释为什么许多麦田圈总是出现在英国南部，因为那里经常形成旋风。但是，暂且不说旋风卷过麦田，能否像绅士抚过情人的秀发那样温柔，令纤细的麦秆弯而不折，一个简单的问题是：小型龙卷风怎么在几秒钟内形成如此规则的几何图形和复杂而对称的象形图案？

$$4$$

光球，形成麦田怪圈的原动力

在麦田圈附近经常会有人看到或拍到奇怪的光点，他们通常是球形、柱形、螺旋状或雾状的。在照片上，这些光点经常显示得很模糊，好像是曝光异常点一样。有时候，这些光点是白色的，有时候是红色的。实际上，这些光点偶尔会在后面留下遗迹并向我们展示它们真正的形态。有段录像片段记录了下面的情景：有一只猛禽把一个光点当成猎物紧追不舍，但是后来，它意识到自己错了，所以快速离开了。在著名的白鸦行动中，工作人员也拍摄到了奇怪的光点。因此，很多研究者认为，光球也许是制造麦田怪圈的原动力。

神秘光球

2003年7月晚上5点多，一个17岁的年轻人在意大利的蒙特格拉纳罗看到了一个光球从天空向地面投射下一束强光。他立刻用随身携带的手机照了2张照片。当光束消失以后，他检查了被照射的地面，没发现什么异常。但第二天，这里出现了3个不同大小的、排成一条线的麦田圈。他把手机中的照片传给某知名杂志的编辑，然后杂志社便进行了有关报道。这件事情可信度是非常高的，一度被当做光球形成麦田圈的重要证据。

威尔特郡牛奶山

1990年7月29日，有人在威尔特郡牛奶山拍摄到一个光球正在接近两个麦田圈，这是第一次拍摄到麦田圈附近出现光球的视频。光球进入视野后下降到农作物里。当时拍摄者以为这是一只鸟、一个气球或是别的什么东西，但经过一段时间后它变得非常离奇。光球忽然闪烁耀眼光芒，如同锡纸的反光一般，同时在农作物里快速移动。最后，光球上升并飞到远处一个正在作业的拖拉机附近。拖拉机司机发现异常后立即停了下来，抬头仔细观看，但光球却迅速飞向远方消失了。拖拉机驾驶员在这次事件5个月后接受了记者的采访，他说还记得那天光球朝他飞来，球体有沙滩球那么大，闪烁着亮光。他将拖拉机发动机停止后看到光球飞了过去。在事件发生时，这个拖拉机驾驶员并不知道有人在牛奶山的至高点拍摄，而从那天起很多人都在麦田圈周围拍到类似的物体。

荷兰神秘光球

2005年，荷兰拍到了非常壮观的光点照片，光点的体积之大，可谓

荷兰出现的麦田圈

史无前例。照片是用数码相机拍摄的，并且使用了闪光灯。8月10日下午，荷兰某地居民罗贝特忽然产生了一种非常奇怪的感觉，好像有某种力量在引导他去乡间的麦田里，那里7月21日曾出现了一个麦田圈。据他说，20年前他在那里看到过第一个麦圈。当他带着摄像机抵达目的地时，发现周围就他一个人，但他还是进入了麦田圈并环顾四周。他没有在里面呆很久，因为形单影只让他感到有些焦虑，所以他回到了大路上。可在路上，他又感到身体左边有一种"能量场"，所以他开始在路上对麦田圈的形成区域进行拍摄。但一切似乎都很平静，没有什么异常现象，他便关掉了摄像机。

　　等了一会儿，他又打开了摄像机对准左边的麦地，并感到有某种神秘能量在那里。突然，一个黄色的光球像一个闪烁的小太阳般飞向麦田，并因迅速靠近而变得越来越大，然后又快速飞回空中。随后，他便发现麦田里出现了一个图案—— 一个"卫星"圆圈，距离7月21日出现的麦田圈大约有10米远。他肯定这个麦田圈在光球出现之前是不存在的。值得一提的是，罗贝特拍摄的视频是与专家咨询商量后才决定公开的。

麦田圈附近异常光点目击事件非常多，所有目击者都声称是在麦田圈形成前、形成过程中或形成以后看到奇怪的光的。以上所述只是数百件目击报告中的几个。2000年10月，荷兰的一位物理学家通过科学方法证明了他所检查的某个麦田圈是由电磁的点光源形成的。换句话说，他确信麦田圈是由光点形成的。从此，目击者们拍到的照片和录像片段中的光点开始受到大家更广泛的关注。虽然直到如今人们也没搞清楚它们究竟是什么，但人们都一致认为，即便不是这些光球直接制造了麦田圈，它们之间也肯定存在某种神秘关联。

普通光球

太阳的光谱实际上就是光球的光谱，光球则处于太阳大气最低一层，我们接收到的太阳能量基本上是光球发出的。光球各部分亮度并不均匀，并在非扰光球中布满米粒组织，总数约为400万颗。在光球的活动区有太阳黑子、光斑，偶尔还有白光耀斑。它们的亮度、物理状态和结构都相差悬殊，平均的非扰光球上每平方厘米每秒发出的辐射流量为6.3×10尔格（尔格是功与能的一种计量单位，国际符号为erg，1尔格$=0.0000001$焦），由此可算出光球的有效温度为5500摄氏度。这一辐射流量是各波段辐射强度的总和。光球的物质密度约为每立方厘米10克，气体压力大致等于10达因/厘米。光球的温度随高度而不同，从内部向外部逐渐降低，光球与色球的交界处温度会降到最低值，只有4000多摄氏度，但接着又逆升，在日冕中竟高达上百万度。这是地球上人类对光球的普通定义，但制造麦田圈的光球显然与此不同，但究竟有何不同，由于人们不能捕捉到它进行研究，也只能存疑了。

地磁的神秘吸引力

　　地磁是一种地球所具有的磁性现象，又称"地球磁场"或"地磁场"，指的是地球周围空间分布的磁场，地磁的南北极与地理上的南北极相反，罗盘指南和磁力探矿都是地磁的利用。地磁的磁感线与地理的经线并不平行，这样在两者之间就形成一个夹角，称为磁偏角。中国古代著名的科学家沈括是第一个注意到磁偏角的人。

　　科学家称，磁场可以产生一股电流，并具备神奇的移动力，使农作物平顺倒伏在地面上。他们曾用高端仪器研究了130多个麦田怪圈，发现90%的怪圈附近有连接高压电线的变压器，在方圆300米之内都有一个或多个水池。由于接受灌溉，麦田底部土壤释放出的离子会产生负电，与高压电线相连的变压器则产生正电，负电与正电相撞会产生电磁能，从而击倒小麦或其他农作物而形成怪圈。

外星人的指纹

　　麦田圈研究中心的研究人员用伽马射线光谱仪和DNA分析法来追踪麦田圈的异像，其中最令人信服的测试结果是分析图像边缘和内部土壤的磁场。负责分析的人员事先并不知道，其中有一部分麦田圈是刻意伪造以做对比参照用的。侦测结果显示，麦田圈内部出现磁场异常的比例极高，土壤中的铁酸盐明显受到磁化。物理学家称，带电导线会产生磁场，磁力线会形成一个个同心圆，强度由中心向外围递减，如同池塘中的涟漪。麦田圈里侦测到的能量变化就很像这种"涟漪"状态。这是不是麦田圈制造者留下的"指纹"呢？其实从1927年开始，就有迹象表明麦田圈与磁力有一定关系，比如小刀、手表、自行车等在进入麦田圈后会受到磁化。最近，有日本麦田圈研究者称，原本还有至少14小时电力的电池在进入新麦田圈后，电力马上耗尽。英国国家广播公司对这类现象也不陌生，因为他们的摄影器材就曾在麦田圈里受到严重干扰甚至损坏。此类例子不胜枚举，至少有100件之多。

显而易见的是，创造麦田圈的力量可以扭转当地的电磁场，以奇异的方式和人以及物体互动，不过，这股力量也在现场留下了"指纹"。1997年，一位麦田圈研究者坐在一个名为"花朵"的麦田圈里，静静地在纸上描摹底图花样，旁边还有三位麦田圈迷观赏，并赞叹不已。当然，他们赞叹的只是原创者的匠心。这时，忽然有静电似的噼啪声从他们身边冒出，所有人都听见了，不约而同地停下了手边的事，想知道声音的来源。但大家面面相觑，都是一脸茫然。声音听起来像高压线漏电，所以研究人员的第一反应就是寻找电塔，不过，附近都没有。有人当即俯下身来，耳朵贴地，但声音既不在麦田圈，也不在某个可以确定的地方，它就在"那里"，稳定而又持续地在耳边响了将近十分钟，直到所有人不得不离开为止。

研究人员一走出麦田圈，奇怪的声音马上消失，四周恢复了以往的宁静。麦田圈的磁场是否有细微的、人们难以觉察的变化？罗盘以及电子仪器失灵的现象似乎都在支持这种推测。事实上，麦田圈与磁场的关联在历史上并不乏线索，这几年，就连麦田圈图案都在暗示两者的亲密关系。1995年温彻斯特A272公路旁出现的"太阳系"麦田图案和希斯伯利环山下出现的完全由椭圆形组成的图案，似乎都呈现了磁场的动态理论。不过最具启发意义的是由33个火焰纹环组成的"居尔特五朔节环"。

火焰纹环

英格兰古居尔特人每年春天都会庆祝五朔节，以表达对太阳的崇敬。五朔节环的火焰纹环也经常出现在居尔特人的日晷装饰中。1998年的五朔节过后3天，西坎尼特长丘出现了五朔节环麦田圈。麦田圈与磁场的关联从这里便可以看出端倪。众所周知，太阳是地球最大的电磁能供应者，而且太阳对所有行星的引力牵引也非常惊人。将地球的一年365天，除以麦田圈的33个火焰环纹，刚好可以得到11.06060606，这正好是太阳黑子的活动周期。

麦田圈的火焰环纹

麦田圈的火焰环纹是不是想告诉我们一些什么？火焰环纹的形状在物理学中称为磁滞环或磁滞回线，可以用来描述非磁物质在磁场中得到磁场能量强度变化的曲线图。将这个原理运用到非磁物质的植物，比如麦子，会不会让磁场改变甚至反转，从而造成农作物的倒伏呢？从电子或罗盘受到的干扰来看，似乎很有些道理。不仅如此，局部磁场的变化还可以排拒和蓄积能量，就像一种无形的通电篱笆，可以当成屏蔽设备，如此一来也就能够解释为什么电子设备进入麦田圈后就会失灵。还有一个因素也会造成现场磁场的改变，那就是旋转。宇宙万物都来自旋转，而从作物倾倒的方式来看，麦田圈也跟旋转脱不了干系。简单的旋涡便能产生磁场，在水中尤其如此，因为水本身便能传导电磁能。

$$\textcircled{6}$$

世人眼里的不明飞行物

很多人认为，麦田怪圈与外星人有关，并有很多目击者声称在麦田圈出现之时往往伴随神秘光球乃至不明飞行物，那么不明飞行物究竟是什么呢？它们是外星人的航天器吗？现在我们就来了解一下。不明飞行物的英文全称是Unidentified Flying Object，简称UFO，一般指漂浮、飞行在空中或太空的物体。它们来历不明、空间不明、结构不明、性质不明，非常

神秘莫测的UFO

神秘，中国古代称之为星槎。UFO大体可以分为四类：（1）已知现象的误认；（2）未知自然现象；（3）未知自然生物；（4）有明显智能飞行能力而非地球人所制造的飞行器。第4项即指外星文明的飞碟。

UFO 的特点

UFO形状多样，飞行无规律。它们可以盘旋飞行或瞬间移动，并且违背人类基本的物理常识，能在高速运作过程中突然停止。有些UFO还可以大搞花样，在空中呈现"之"字形摇摆，然后在不知不觉中瞬间消失。绝大多数目击事件拍摄到的UFO均无发动机声音，几乎无声，无尾气排放。UFO还会对生物造成影响，比如在它们出现的附近，狗会不停地朝向UFO的方向吠叫，青蛙会躲闪，蟑螂会飞出窗外等。

世界 UFO 报告

2006年6月24日与27日这两天，中国新疆发现不明飞行物。报告首先来自奎屯市市民徐胜，他当时正在路边与人聊天，突然发现西面天空一个发光物体快速由东向西划过，此物脸盆大小，亮度极高，徐胜立即用手机拍下了当时的情景，七八秒钟后发光物体消失。

几乎同时，乌苏市车排子镇以西1公里西北方向的天空，距地面3000米至5000米的高空也出现了不明飞行物。目击者称此不明飞行物4角有4个亮点在旋转，约1分钟后消失。

紧接着距奎屯市上百公里的呼图壁县也发现了不明飞行物。发现者是出租车司机张国印，他当时无意中抬头一看，只见北面天空有一个脸盆大小的亮光在运动，这与第一个发现者的描述吻合。他起初以为是月亮，但随即便知道自己错了。那发光物体呈白色，中间位置亮度最高，四周稍暗，运动速度非常快，十几秒后就消失了。

然后，沿边境线的塔尔巴哈台山脉顶上，塔城市阿西尔乡至农九师165团驻扎地莫湖麓也出现发光物体，但这时候它的形状又有所变化，呈放射性三角形，自西向东平行掠过，速度极快，估计飞过地面的距离有90多公里。40秒后，该发光飞行体消失。

乌市市民苏先生在26日上午11时乘坐公交车至地质中学时，发现天空中有发光物体由北向南横掠而过，此物篮球大小，亮度很高，速度极快。

在不到两天时间里，新疆四个县市接连出现不明飞行，但通过目击者的描述，研究人员不能确定这是否即外星人驾驶的航空器。

1947年6月24日，美国人肯尼士·阿诺德驾驶自用飞机飞行在华盛顿州雷尼尔山上空，突然有9个白色碟状的不明飞行物体从不远处飞过。这些物体飞行速度极高，据估计每小时1600—1900公里，所以转眼便消失了。他激动无比，立即向地面塔台呼喊："I see flying saucer（我看见了飞舞的碟子）。"此事在美国引起极大轰动，并迅速为全世界所了解。肯尼士·阿诺德无意中喊出"飞舞的碟子"，形容得很贴切，然后一名记者在报纸上首次使用了UFO这个缩写，即不明飞行物。

1990年，比利时上空出现不明三角形飞行物，超过1000人看到了这个奇异现象。就目击人数而言，这在不明飞行物事件中可算是非常罕见，因此这个不明飞行物的可信度很高。而比利时军方以及北大西洋公约组织的雷达也侦测到这些不明飞行物体的存在，并试图通过无线电与对方联络。无果后，比利时空军多次派出F-16战斗机拦截，并以雷达锁定其中一架不明飞行物体，但对方反应极快，忽然加速逃脱。比利时空军追逐了一个多小时后，无功而返。这次事件引起世界关注，史称"比利时不明飞行物体事件"。

2016年，一则意大利女性被外星人掠去并产下外星婴儿的消息震惊了整个欧洲。据称，该女性4岁时即遭到外星人绑架，怀孕时已经41岁。据她自己称，事发时她看到一个具有金属光泽的飞碟，然后自己毫无意识地走了进去，随后出现了4个不明物体，他们说着她能听懂的话，告诉她不要动，然后对她做了一些她根本不明所以的事情。而后科研学家在其房间衣服中发现一种奇特物质，这种物质的电子非常活跃，且发出一种诡异的声波，随后她被送往医院。放射检查证实她的脑中有植入物，但检测显示无法鉴定这种物质。同时，医生还在她身上发现三个明显的疤痕以及一些磷光，在做超声波的时候发现了与婴儿心率极为相似的声波，最后医生为她做了流产手术，产下一个外形异常恐怖的"混合物种胚胎"，这是否就是真正的外星婴儿？我们不得而知了。

古代 UFO 记录

UFO并不是近代才有的现象，几千年前的古埃及壁画上就有神似外星人和飞碟的图案。在梵蒂冈博物馆中，存放着一页古埃及纸草书，上面详细记录了3500年前图特摩西斯三世和臣民目击UFO群的场面。

中国宋朝时的苏轼曾写过一首《游金山寺》："是时江月初生魄，二更月落天深黑。江心似有炬火明，焰照山栖鸟惊。怅然归卧心莫识，非鬼非人竟何物？"据分析，他所发现的东西便很有可能是不明飞行物。《资治通鉴·汉纪·汉武帝本纪》记载"四月戊申，有日夜出"，意思是有看似太阳的物体在夜间出没。以现代人的观点来看，这似乎是超新星爆炸（恒星内部物质发射出的光子能量达到一定极值时，会互相碰撞而转化为正负电子，这样的反应会让恒星失去稳定，最终在一场巨大的爆炸中毁灭）或海市蜃楼，但也好像是不明飞行物。

太阳活动的"天地生"理论

　　2010年5月22日，在英国威尔特郡的威尔顿风磨附近的麦田里又出现了一个很有趣的麦田圈。有关专家以太阳活动"天地生"理论为指导，对这个复杂的麦田圈进行分析和研究后认为：这个麦田圈中心的大黑圆斑表示太阳；太阳周围黑圈内的空白地带表示太阳的光球层和色球层等活动区域；从太阳圆面分出来的两个云卷状图形表示太阳风暴。太阳的这些活动能对太阳系各行星上发生的重大事件以及行星上的生命体产生很大影响。

太阳活动与气候变化

　　太阳活动是太阳大气层里一切活动现象的总称，主要有太阳黑子、光斑、谱斑、耀斑、日珥和日冕瞬变事件等。这些事件由太阳大气中的电磁过程引起，时强时弱，平均以11年为周期。处于活动剧烈期的太阳（称为"扰动太阳"）辐射出大量紫外线、X射线、粒子流和强射电波，因而往往引起地球上极光、磁暴和电离层扰动等现象。太阳活动与地球上气候变化的关系也是比较明显的，地球上气候变化与黑子数目变化周期密切相关，可是关于其具体的作用机制，人们还远远没有搞清楚。世界许多地区降水量的年际变化与黑子活动的11年周期也有一定的相关性。另外，科学家发现，亚寒带的许多树龄很高的树木，它们的年轮恰恰有着与黑子活动11年周期相对应的、有规律的疏密变化。

从统计资料中科学家也发现，凡是黑子活动的高峰年，地球上特异性的反常气候出现的概率就明显增多；相反，在黑子活动的低峰年，地球上的气候相对就比较平稳。另外，地球高层大气的变化也与太阳活动相关。地震、水文、气象等多方面的研究都说明了太阳活动对地球的影响，关于这方面的物理机制还在研究中。

太阳黑子与磁暴

整个地球是一个大磁场。地球的北极是地磁场的磁南极，地球的南极是地磁场的磁北极。地极和磁极之间有大约11度的夹角，因此地球的周围充满了磁力线，不同的位置有不同的地磁强度。平时地磁受多方面的影响，会有不同程度的扰动，而影响最大的就是磁暴现象。

太阳大气抛出的带电粒子流，能使地球磁场受到扰动，产生"磁暴"现象，使磁针剧烈颤动，不能正确指示方向。当太阳上黑子和耀斑增多时，发出的强烈射电会扰乱地球上空的电离层，使地面的无线电短波通讯受到影响，甚至会出现短暂的中断。磁暴一般发生在太阳耀斑爆发后20—40小时，它是地磁场的强烈扰动，磁场强度可以变化很大。这时太阳风速往往增加，并且向太阳一面的磁层顶面可由距地心8—11个地球半径被压缩到5—7个地球半径。磁暴的发生对人类活动，特别对与地磁有关的工作都会受到影响。它会使罗盘磁针摇摆，不能正确指示方向，影响到海上航行之船、空中飞行之机，甚至是信鸽的飞翔。

在磁暴发生时，高纬度地区常常伴有极光出现。极光常常出现于纬度靠近地磁极地区25—30度的上空，离地面100—300千米，它是大气中的彩色发光现象，形状不一。常出现极光的区域称为极光区。来自太阳活动区的带电高能粒子流到达地球，并在磁场作用下奔向极区，使极区高层大气分子或原子电离而产生光。当太阳活动剧烈时，极光出现的次数也增多。

地球两极地区的夜空，常会看到淡绿色、红色、粉红色的光带或光弧，叫做极光。极光是带电粒子流高速冲进那里的高空大气层，被地球磁场捕获，同稀薄大气相碰撞而产生的现象。

太阳活动对地球的影响有时比较平静，有时比较剧烈；太阳有自转，太阳上的活动区有时面向地球，有时又背向地球；地球本身有自转又有公转，因此太阳活动对地球的影响是很复杂的，周期也是各种各样的，如日周期、27天周期、年周期、11年周期等等。

天文、地球、生物的综合研究

所谓天地生综合研究即是将天文、地球、生物三者视为互相联系的有机体进行多学科研究。这种研究应用到历史学的研究中就既不仅仅局限于只在人类社会系统内部去研究社会兴衰及其原因，也不仅仅局限于研究地球表面系统与人类社会系统的人地关系，而在于探索历史时期天文系统、地球表面系统、人类系统间的有机联系，探索左右人类社会原因的不可逆转性与可逆转性、可回归性与不可回归性的辩证关系，在自然史的大背景下研究人地关系，在人地关系的原则中探索人类社会。

据天地生综合研究来看，就天体与地球关系而言，地球表面历史气候的周期性变化与太阳黑子多少、九星汇聚的地心张角、地球自转变速周期、地球地极移动周期等因素有关，正是这些因素促使地球大气环流发生变化，造成世界历史气候的变化。研究表明：太阳黑子增多时，地球气候则呈现寒冷时期；当九星汇聚的地心张角发生在冬半年，且地心张角小于70度时，地球气候变得干冷；若地心张角小于45度时则不仅会出现干冷现象，而且会出现自然灾害群发期。受这种变化的影响，在人类生产力不高的情形下，其对社会发展的影响肯定是十分明显的。人类社会有些看来是偶然的历史事件，放在自然史的长河中往往可能是由众多偶然事件组成的必然事件，有其不可逆转性。

应该承认，直到现在我们对天地生综合研究还是十分陌生的，用其探索具体的自然现象还处在"摸着石头过河"的阶段。但为了寻找一些个别现象的终极原因，一些自然科学工作者已经做了一些开拓性的研究，为进一步研究打下了基础。而以太阳活动的"天地生"理论解释麦田怪圈现象，或以麦田怪圈印证太阳活动的"天地生"理论，都还处在初始阶段。

自然力成就的自然现象吗

目前除了外星人造访地球制造出麦田怪圈这一说法外，对于麦田怪圈的成因还有另一种说法——麦田怪圈是自然力成就的自然现象。

龙卷风

20世纪80年代，麦田怪圈现象在英国开始频繁地出现，并引起人们的注意。有些气象学家也对此萌发了强烈的兴趣，开始着手去研究，并且提

龙卷风

出一种假说——自然力量创造了麦田怪圈，可能性最大的便是龙卷风。

但问题是这个龙卷风为什么只刮麦子，不刮房屋呢？而且还刮得这么有艺术水平，可以在麦田里作画？第一个疑问很好解答。英国的麦田和中国的麦田不一样的，中国人口密集，因此可能房屋跟稻田都是夹杂在一起，田地都分割得零零碎碎，只能以亩或分计算面积。但是英国的地可是论顷的，那里所谓的农民也不是真正的农民，都是农场主，一栋大房子，周围一大片稻田，赶上刮风时，很有可能风就直接从地里过去了，根本接触不到房子。

英国威尔特郡山坡是世界上出现麦田怪圈最多的地方，据说那地方到目前为止已经出现过好多次麦田怪圈了，而且每次出现怪圈的前一个晚上都会狂风大作、雷雨交加，如同美国科幻大片中灾难来临一般。这对"麦田怪圈的龙卷风成因说"自然是一种支持。

美国有一个物理学专家也认为龙卷风是造成麦田怪圈的真正原因，因为他经过很多次科学实验发现，麦田怪圈大多出现在山边或者离山六七公里的地方，而这些地方是最容易形成龙卷风的。

磁场

除了龙卷风，关于自然力量创造麦田怪圈的说法还有另外一种解释——磁场。美国有个专家叫杰弗里·威尔逊，他曾经研究了130多个麦田怪圈，后来发现90%的麦田怪圈附近都有一个连接高压电线的变电箱，并且在方圆270米以内还有一个水池。由于接受灌溉，麦田的底部土壤会释放出离子，这个离子产生的是负电，而连接高压电线的变电箱产生的是正电，正电和负电一碰撞，那就形成了电磁能，这个电磁能偏巧就击倒了小麦，成就了我们看到的种种奇异的图案。

为了证实这一说法，很多科学家也在做着不同的实验。帕特·德尔加多是一位气象学家和地质学家，他从1981年起就开始研究麦田怪圈。他坚信这些圆圈是"某些目前科学所未能解释的地球能量"，也即自然力量所制造的，就像百慕大三角屡屡发生的奇事一样。

帕特·德尔加多曾记录了许多在这些怪圈里发生的"不可思议事件"。比如，他发现一些原本运作正常的照相机、收音机和其他一些电子设备在进入了"怪圈"之后就突然失灵了。而且他还曾经多次在一些圆圈里录到一种奇特的嗡嗡声，帕特·德尔加多管这种声音叫"电子麻雀声"。

1989年夏季某天，德尔加多和6位朋友坐在英国温彻斯特市附近一个镇的一个麦田怪圈的中央。按他自己的说法："蓦地，我完全身不由己，被某种神秘的力量推着滑行了6米，出了圈外。"这就是他经历的最神奇的事件，因此他认为这种力量很可能与地球的磁场有关。

等离子体涡流

无独有偶，自从20世纪80年代以来，英国《气象学杂志》的编辑、退休物理学教授泰伦斯·米登已审察过1000多个麦田怪圈，并就2000多个怪圈编制了统计数字，希望能找到符合科学的解释，而现在他认为自己也许已找到了答案。

泰伦斯·米登相信，真正的麦田怪圈是由一团旋转和带电的空气造成的。这团空气被称为"等离子体涡旋"，是由一种轻微的大气扰动形成的，这就好比吹过小山的风造成了小草波动一样。"风急速地冲进小山另一边的静止空气，产生了螺旋状移动的气柱。"他解释说，"接着，空气和电被吸进这个旋转气流，形成一股小型旋风。当这个涡旋触及地面，它会把农作物压平，使农田上出现螺旋状图案。"

为了支持自己的论点，米登搜集了许多有关涡旋制造农田怪圈的目击者的报告。例如，1990年5月17日，农场主加利·汤林生和妻子薇雯丽在英国萨里郡汉布顿镇一块麦田上沿着小径漫步。一团雾突然从一座大约100米高的小山飘来，几秒钟后，他们感到有股强烈的旋风从侧面和上面推他们，并像泰山压顶般紧压着他们，使两人的头发都竖了起来。后来，旋风似乎分成了两股，而雾则以"之"字形运动态势快速飘走了，留下他们两人站在一个3米宽的麦田怪圈里面。

但是，米登的论点只能解释那些简单的麦田怪圈，对那些复杂的麦田怪圈却无能为力。旋风是绝对不会吹出钥匙形和字形的。比如1991年8月13日英国剑桥郡一块偏僻的麦田出现了巨大的心形图案。如果这真是自然力量的成果的话，那只能解释为上帝和全世界的人类开了一个天大的玩笑。

对于自然力量形成怪圈的说法，很多人都持怀疑的态度。先不说磁场会不会那么强，以至于强到能形成麦田怪圈，假如真强到那个地步，附近的人肯定会受到影响，至少电话、电视会受到干扰。即使它能够形成麦田怪圈，那也只能是一些图案比较简单的圆圈或线条，但事实上大多数麦田怪圈的图案都是很复杂的，有的甚至出现了立体感、层次感，如果自然力量真能做到这些的话，那它一定是个很有艺术细胞的家伙。

$$9$$

外星人的问候，或是警告

陈功富是哈尔滨工业大学航天学院的教授，也是世界华人UFO联合会常务理事会学术部负责人、SETI与UFO高级专家。作为一名航天航空领域的教授，陈功富多年来致力于UFO和"麦田圈"的研究。陈功富认为，众多"麦田圈"图案中，只有1%的图案可能是人类所为，其余99%的图案都应该是外星智慧生物造访地球时留下的证明。陈功富还透露，欧美有很多专家都在研究"麦田圈"，他们都认为"麦田圈"很可能是外星人对地球人的问候，只是目前人们还不了解这种沟通方式。现在大多数UFO研究领域的专家都认同这个解释。

灾难预警

麦田圈具有许多奇异的特性：倒伏的麦子不折断，可以继续生长；秋收后，倒伏的麦子比正常生长的麦子增产40%左右；圈内动物尸体不腐烂，不招苍蝇；有的鸟将鸟巢筑在"麦田圈"中，巢中的卵很快会孵化等。

陈功富最重要的发现是，某些图案可能是外星人发给人类的预警。研究过程中，他注意到世界各地发现的麦田圈当中有一些好像在向人类预示着什么。他在翻看1994年的所有麦田圈图案时发现两幅有蜘蛛状和蚂蚁状的图案。而在1995年他意外得知非洲和中国的山东等地都出现了严重的蝗灾。接着他又发现2002年的一幅麦田圈图形竟然和艾滋病毒在显微镜下的图形一模一样，而另一幅图形更与非典的冠状病毒显微图一模一样。他由此推测这些图案有可能是外星人发给地球人的灾难预警。

陈功富认为，研究"麦田圈"是了解和解秘外星文明世界最新、最有效、最省资金的切实可行的方法，其意义不可低估。如果麦田圈真是外星人对人类的提示，而人们又能够及时破译，那无疑是在给人类造福。

意大利麦田圈的警告

意大利都灵曾出现一个不可思议的麦田圈，研究者认为图案中蕴含着对人类的警告，并近乎危言耸听地说：人类知识即指科学与文化，这很有可能被高等文明了解并掌握。人类文明在到达某种限度之前，轻易与高等文明接触会因文化冲突而出现混乱。所以现在应该考虑高等生命是否会因为某种我们不了解的原因而利用我们。按照这个思路，我们就得明白什么对他们最有价值，也许，它可以将人类并不看重的灵魂捕捉到人们无法想象的容器里面；或者我们的繁殖功能对他们也有帮助；再者，地球上有他们想要得到而我们想要保留的东西。所以这个麦田圈的警告是：小心外星人背后的意图，这有可能会是人类史上所经历的最危险的骗局！

美国巨蛇山秘闻

18世纪80年代，美国的一些拓荒者进入俄亥俄州山谷，发现大量的人造山，这些山丘大多被塑成动物形状，他们对这些人为的巨大的丘陵感到迷惑不解。后来，人们依据部落传说、早期探险者的叙述和对4000多件原始石器的仔细研究得出结论：这座山的建造者是生活俭朴的林中印第安人祖先。这些人造的山即美国著名的巨蛇山。

考古发现，巨蛇山上大部分都是古印第安人的坟墓，其中还有随葬的大量精美物品。有人认为巨蛇山是古人为了纪念一次流星袭击地球事件而建造的，还有人认为它是根据天上的星座——天龙座（Draco）的外形建造的。

1975年11月的一个下午，社会学家汉纳驾车穿过俄亥俄州，他原本没有打算在这里停留，但不知为什么忽然想起了那座巨蛇山。他在少年时代曾经去过一次，如今已经没有什么印象。而此刻，似乎有个神秘的声音在召唤他，他感到自己必须得去。

汉纳来到了目的地，独自站在"蛇头"的位置，心里还在想人们为什么要在这个偏僻的地方建造这座雕塑。突然，一种不可遏制的恐惧涌上心头，这是一种极度心寒、绝望、无助的感觉。他感到有一个神秘的、隐形的东西就在旁边。汉纳后脑勺毛发直竖，人也动弹不得，说不出话，只能眼睁睁看着他下面的树叶开始聚集起来，起先是一片片，后来是一团团，然后顺着山脊朝他爬过来，围着他呼呼旋转，跳着怪异的舞蹈。汉纳费了九牛二虎之力才突围出来。他想去车子里拿相机把这一切拍下来，但就在那一瞬间，魔力消失了。

多年之后，也就是2003年8月24日，人们在通往巨蛇山的马路旁发现了一个神秘的麦田圈。这个麦田圈出现在黄豆田里，图案中有四个方向点，分别指向东南西北，指向西方的正是春分或秋分太阳日落的方向，与巨蛇山的蛇尾部指向相同。麦田圈中的植物出现异常：倒伏的植物中有超过95%的茎部有损坏现象，似乎是受到一种瞬间高热的能量作用的结果。从黄豆茎剖面图可以看到，部分茎部塌陷，但是中间的"核"以及最

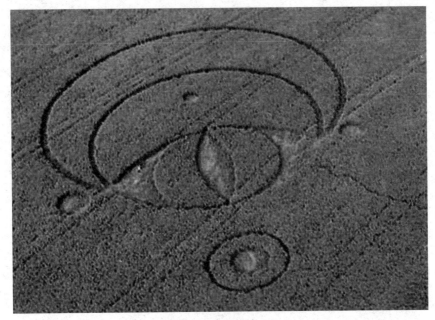

在巨蛇山发现的麦田圈

外面的"须"并没有损坏。经过几何分析，这个麦田圈符合神秘几何学中的"生命之花"构图。另外值得一提的是，在这个麦田圈出现之前，有多个可靠的目击者报告称在巨蛇山附近看到UFO。有一个目击者将看到的UFO画在一张纸上，令人惊讶的是，他所画的UFO竟然与第二天出现的麦田圈如出一辙，而他在画图之前并未看到过麦田圈。

麦田怪圈的种种奇异现象层出不穷，究竟是外星人的问候还是警告，仁者见仁，智者见智，但可以确定的是，无论是问候还是警告，外星人对人类似乎都没有敌意。

（10）

都是龙卷风惹的祸

关于麦田怪圈的成因有多种猜测，人为制造与外星制造是两个主流说法，另外还有地磁说、气象说、自然力说、预告说、辐射说、军事演习说等等，而龙卷风说也曾在某个时期内得到广泛认同。

气象学家的看法

英格兰威尔特郡的燕麦田里曾出现过三个正圆形麦田怪圈，圆圈中的燕麦全部呈螺旋状，整整齐齐地平贴地面，这个麦田圈引起了英国"龙卷风与风暴研究组织"的创始会员梅登博士的关注。通过调查，他认为这三个正圆是静态旋风——龙卷风造成的。但麦田主人却不这么认为，他说："大风大雨我见得多了，但从来没见过大风吹出来这么圆的图案！"

正所谓锤子看什么都是钉子，龙卷风创造麦田怪圈的说法，自然是由气象学家提出来的。自从20世纪80年代麦田怪圈现象开始引起人们的注意以来，气象学家就对此萌发了强烈的兴趣，开始着手去研究，并且提出假说——有可能是龙卷风无意中创造了麦田怪圈。

从有关记载来看，麦田怪圈出现最多的季节是夏季，而夏季天气变化无常，确实是龙卷风出现最频繁的时候。气象学家指出：大量尘埃包含在陆地上生成的小型龙卷风中，在风的作用下，尘埃与空气剧烈摩擦产生静电荷。神秘怪圈就是在带有静电荷的小型龙卷风的作用下产生的。

何谓龙卷风

龙卷风是大气中最强烈的涡旋现象，是从雷雨云底伸向地面或水面的一种范围很小而风力极大的强风旋涡，常发生于夏季的雷雨天气时，尤以下午至傍晚最为多见，影响范围虽小，但破坏力极大。龙卷风经过之处，常会带来拔起大树、掀翻车辆、摧毁建筑物等灾难，它往往使成片庄稼、成万株果木瞬间被毁，令交通中断、房屋倒塌、人畜生命和经济遭受损失。

一般情况下，龙卷风是一种气旋。它在接触地面时，直径从几米到几百米不等，平均为250米左右，最大为1000米左右。在空中直径可有几千米，最大有10千米。龙卷风最大风速每小时可达150千米至450千米，持续时间一般仅几分钟，最长不过几十分钟。

地面上的水吸热变成水蒸气，上升到天空蒸汽层上层，由于蒸汽层上层温度低，水蒸气体积缩小，比重增大，蒸汽下降，由于蒸汽层下面温度高，下降过程中吸热，再度上升遇冷，再下降，如此反复之后，气体分子逐渐缩小，最后集中在蒸汽层底层，在底层形成低温区，水蒸气向低温区集中，从而形成云。云团逐渐变大，云内部上下云团上下温差越来越小，水蒸气分子升降幅度越来越大，云内部上下对流越来越激烈，云团下面上升的水蒸气直向上升，水蒸气分子在上升过程中受冷而体积缩小，越来越小，呈漏斗状。龙卷风漏斗状中心因吸起的尘土和凝聚的水汽便组成可见的"龙嘴"。

水龙卷

水龙卷，顾名思义即"水上的龙卷风"，通常指在水上的非超级单体龙卷风。水龙卷能吹翻小船，毁坏船只，而吹袭陆地时能造成更大的破坏，甚至夺去生命。龙吸水是龙卷风的别名，因为与古代神话里从波涛中蹿出、腾云驾雾的东海蛟龙很相像而得名。它还有不少的别名，如"龙吸水""龙摆尾""倒挂龙"等等。

龙卷风在水面上就是龙吸水，在陆地上就是普通的龙卷风。龙吸水是一种偶尔出现在温暖水面上空的龙卷风，它的上端与雷雨云相接，下端直接延伸到水面，空气绕龙卷的轴快速旋转。受龙卷中心气压极度减小的吸引，水流被吸入涡旋的底部，并随即变为绕轴心向上的涡流。由于重

水龙卷

力，液态水不可能长时间在天上，龙吸水过后，吸到天上的水就会落下来，形成暴雨。

　　旋风在河流、湖泊或者海面上发生时，就会形成龙卷风。大气里的冷空气团经过水体时，温暖的潮湿气体向上升腾，形成巨大的水柱。这些水柱从海面上掠过时会留下一条由水汽形成的尾迹。水柱的直径从几英尺到数百英尺不等，深入云团深处。海上龙卷风比旋风更微弱，往往只有从陆地上经过时，才会对人类构成威胁。

来自天空深处的注视

　　茫茫宇宙中，地球是不是唯一有生命存在的星球？我们是孤独的吗？宇宙中有谁会和我们取得联系？如果有，那他们是一种高级的生命体，还是一种已经消失的文明在传递他们残存的记忆？我们在仰望星空的时候，那天空深处是不是也会有智慧生命在注视着我们？

　　有人认为麦田怪圈是宇宙深处某个外星文明传递来的试图与我们取

吉尔伯顿天文台

得联系的信息。2001年8月19日出现的一个麦田怪圈似乎可以证明这个观点。英国牛奶山下一个精美的麦田怪圈出现一周之后，在汉普郡吉尔伯顿天文台附近又出现了两个古怪的图案：一个人脸和一条信息。吉尔伯顿天文台建于1965年，归英国政府所有，天文台四周的围墙上都安装有摄像头，有些正好对准附近的麦田，但并没有拍到任何异常的现象。在一次访问中，天文台的负责人说，附近的麦田都是封闭的，要进去并不容易。人脸图案出现在8月14日，比信息图案早几天，如同一张黑白数码相片。有人发现它与美国维京海盗一号火箭探测器1976年在火星上拍摄到的那个著名人脸图案十分相似。另一个被称为"矩阵"的信息图案使人想起了著名的阿雷西沃信息—— 一条1974年发送到宇宙中的信息。专家迈克尔·海瑟曼认为这可能是对阿雷西沃信息的答复。事实上，这个图案的信息与原始的阿雷西沃信息并不完全相同，但人们还没有完全了解两者的不同之处。它是不是在告诉我们另一颗星球的位置，或者一个外星文明的特征呢？

大胆假设

科学家曾经做过一个假设：太阳系，包括火星、地球等曾经都是高等生物的乐园，后来发生了太阳系大灾难（太阳异变、陨星撞击或其他原因），很多行星上的居民被迫移民到了其他星系。而地球上的居民有部分人留了下来。大灾难发生时，地球上有个类似诺亚方舟的避难所，部分人（很有可能是一些婴儿）幸存下来。大灾难发生后，地球上所有的文明都被摧毁了，幸存的人散居到世界各地开始重建文明的漫长之路。由于某种原因，他们互相约定不能把灾难之前的事告诉后人，只有极少数人知道并代代相传，这些人就被称为"先知"，这个说法非常符合圣经的记录。

但到后来，先知也将这些秘密失传了，于是地球人就开始了孤独的探索之路。

麦田圈专家的宏论

2008年7月15日，英国埃夫伯里庄园附近出现了一个麦田怪圈，经专家研究，认为它代表了太阳系的行星轨道上有一个新的行星系统。根据推测，它有望在几年或数月内返回地球。这个新行星系统就是天文界所推想的尼比鲁（NIBIRU），但人们普遍认为这个行星系统根本不存在。

对此，麦田圈专家陈功富发表评论说："人类在认识宇宙的过程中经历了不断的反复和不断的深化过程。回顾500年前的哥白尼时代，令人浮想联翩，在认识地球与太阳谁是中心的问题上花去上千年的时间，是哥白尼经过30多年对天体运行规律的不懈观测，最后用数据和事实提出日心说，将统治人们头脑达上千年之久的地心说抛进历史垃圾箱，从而将人们的视觉感官认识上升到理性和客观认识。这也是真理战胜荒谬的典范。

"然而，为了弘扬和支持日心说，伟大的宇宙学家和思想家布鲁诺却被罗马教皇烧死在烈火中，付出了宝贵的生命代价；伟大的科学家伽利略也为此被投入监牢，直到生命结束，300年后才被平反昭雪。这是历史留给人们的沉重教训。而如今，人们在认识地球生命和文明与太阳系宇宙生命和文明问题上，两者谁是中心？我们似乎又处于新的哥白尼时代。这个新时代的伟大使命是用生命日心说代替生命地心说，即地球的人类文明不仅不是中心，而且还是比较落后的。与太阳天系和宇宙中的各恒星及行星人类文明相比，地球人类文明只是小儿科。无数事实证明，宇宙文明才是高级先进的文明。

"地球人类文明只有接受外星人的督导，才能尽快升华。可是，有很多人被某些大国掩盖真相的烟幕弹所迷惑，对此一无所知，甚至坐井观天，盲目地否定飞碟、外星人与外星文明的存在。

"综上所述，麦田怪圈的象征，是一种新兴的星际交流平台，它在不自觉地提醒我们：'我们是谁？'是什么在支配着我们的生活并使我们的周遭世界时刻都在翻天覆地地变化？我们重申，不要以纯粹逻辑的方式去理解他们，而是要倾听，让他们在我们之内产生共鸣。"

举头三尺有神明吗

比利时科学院空间研究所副主任拉什扎·菲力波夫称，他们的科学家正在分析2012年一年世界各地出现的150个麦田怪圈，他们认为这些都是外星人所为，并回答了他们向外星人提出的问题。

也许，人类真的"举头三尺有神明"了。因为按照拉什扎·菲力波夫的说法，目前外星人已经遍布地球，密切地注视着人类，只是人类目前无法与之直接沟通，预计在未来10年到15年内，人类将与外星人直接对话。但无论如何，通过无线电波同外星生命建立联系是不可行的，只有通过思想的力量才可以。外星人对人类虽无敌意，但对人类某些不道德的行径持批评态度，比如人类干涉大自然的活动。

比利时科学院关于外星人的报告耐人寻味。因为比利时国内围绕科学院的作用、可行性和改革等问题正在进行争论，而比利时科学院也饱受争议。比利时财政部长和总统曾因科学院的问题发生激烈争论。

最后，需要指出的是，据目前调查研究表明，人类历史上并没有非常先进的机械文明时期，只是在古埃及的遗迹中显示出超越当时科技的东西。至于外星人是否存在，与麦田圈一样是一个颇具争议的问题。但可以肯定的是，至少到目前为止，没有相关有力证据证实有外星人到达过地球。

NO.4 │ 神秘莫测 │

自然现象抑或人为手段

$$1$$

自然现象，还是人为骗局

麦田圈究竟是怎样形成的？它是奇迹还是魔鬼的把戏？是地球人所为还是某种神秘的超智慧力量所造？它们出现的原因是大气现象，比如旋风？抑或自然能量线？是当地武功高超、内力深厚者发功产生的能量流形成的？抑或是豪猪在麦田里跳追尾舞搞出来的？是外星人在这里登陆时留下的遗迹？还是田野中神秘精灵的生物施法？这一个个猜测和谜团不但让普通大众迷惑，也让科学家大伤脑筋。

相当一部分人认为，所谓麦田怪圈只是某些人的恶作剧。英国科学家安德鲁经过长达17年的调查研究认为，麦田怪圈中有80%属于人为制造。美国科普作家卡尔·萨根提出的"萨根悖论"认为，假若真的有地外文明普遍存在，那么我们的文明就未必很特殊，就不具备什么优势吸引外星人定期来访问我们；如果说外星人是很不普遍的，或者极少，那么在宇宙这么一个浩瀚的地方，地球渺小若微尘，被发现的概率更是微乎其微，那么外星人就更不可能经常闲着没事来地球制造麦田圈了。

道格和戴维事件

1991年9月，英国人道格·鲍尔和戴维·车利宣布，从1978年到1991

人为制作的麦田圈

年的麦田圈都是他们干的，并当场做了表演。这便是著名的"道格和戴维"事件。其实人为制作麦田圈的视频网上也有，内容是有人在白天耗时5小时制作了一个麦田圈。而在英国，麦田怪圈经常出现的地方大多成了热门的旅游点，每年可以为当地带来数亿美元的收入，这为费时费力假造麦田圈提供了动机，支持了麦田圈是人造的说法。

麦田圈成因推测

也有很多人相信麦田怪圈是外星人的杰作，因为它们大多是在一夜之间形成，这绝不是人类所具备的能力。在很多麦田圈里，麦秆折弯处会出现节点，结构改变导致弯曲，但弯曲后作物还能正常生长，而人为用木板压制麦田圈的方法无法产生这一现象。

还有些麦田圈在当年会对土壤产生某些深层次的影响，从而对第二年该麦田区域的作物生长产生持续影响，以至于在航拍或卫星拍摄时可以看出部分麦田圈轮廓，这一现象被称为"幽灵麦田圈"，这也是人类所办不到的。典型的麦田圈完全没有破坏痕迹，麦秆丝毫无损地在被压下而改变方向（并非践踏或机械屈曲而成），麦田圈和周围的土地上有一些人眼无法看到的磁性小粒，分布均匀，离怪圈越远颗粒越少；麦秆像分层编织，顺或逆时针方向间隔倒下，有时多至五层，但每粒谷仍像精致安排一般秩序井然；图形以精确的计算绘画；无论图形多么复杂、工程多么浩大，它们都是一夜造就；形成过程无人目击。

如果麦田圈人造说是保守派，外星人说是激进派，那么自然形成说就是折中派。大多数科学家或是具备科学常识的人往往持自然形成的观点，尽力运用科学思维来解释麦田怪圈。从有关记载来看，麦田怪圈出现最多的季节是夏季，而夏季天气变化无常。麦田怪圈往往出现在山边或离山六七公里的地方，这种地方很容易形成龙卷风。所以，气候是造成麦田圈的大环境，龙卷风是造成怪圈的直接原因。

有的人还认为，麦田圈只是一种自然现象，成因还未被人类发现。就像雷电，古时候人类不了解其成因，所以认为是有雷公、电母拿着"神器"敲击而成。对于麦田圈中经常出现人文信息的现象，他们认为这只是人们"先入为主"造成的错觉。当然这是一种大而化之的说法，不能满足人们求知的心理。

俄地质协会成员从麦田里捡了一些荞麦秆，并把它们带回自己的实验室。他把荞麦秆放进微波炉里，然后加入一杯水，在600瓦的高频辐射下，经过12秒钟，荞麦秆发生了奇异的变化，所有试验的麦秆都在节瘤处发生了弯曲，其形状与陶里亚蒂麦田里倒伏的麦秆完全一样。斯米尔诺夫因此得出推断，陶里亚蒂的麦田一定是受到了高频辐射。不过，就算麦圈是高频辐射现象所为，科学家至今也没有证实高频辐射来自哪里，是地磁现象？还是天空闪电？

　　在短时间内创造出如此大且规则的杰作而不被人察觉，人为制造的可能性非常低；怪圈出现在地球的能量带处，植物和土壤有明显变异特征，可以判断绝不是机械手段造成的，而最大的可能性是外太空飞来的粒子束或射线束击打造成的。综上，怪圈很有可能是来自外太空的能量束受到地球磁场的影响后发散击打造成的。

　　关于麦田圈的争论，数十年来众说纷纭，它究竟是怎么回事儿，如今仍然是一个谜。1989年6月，人们还为此进行了"白鸦行动"，希望能抓捕到麦田圈制造者，彻底揭开麦田怪圈真相，最终不但徒劳无功，反而更加增添了麦田圈的神秘色彩。

麦田怪圈如何人造

　　1991年9月，各国新闻媒体竞相报道同一条轰动世界的新闻：两名英国退休者达格·鲍威尔和戴夫·乔利不无得意地公布，是他们愚弄了人类——每逢庄稼成熟时节，他们便在田野里玩麦田怪圈的游戏，在过去的10年时间里，他们造出了无数的麦田怪圈，今天是让大家知道真相的时候了。消息一经报道，世界舆论界为之哗然，关注麦田怪圈的人们也轻松地喘了口气：田野怪圈之谜终于破解了！

造假高手

　　事实上，世界上大多数国家政府对麦田怪圈都嗤之以鼻，确信麦田圈都是人造的。美国和荷兰等国的《国家地理》节目曾曝光麦田圈的制作方法，宣称只需要七八个人以及绳

达格·鲍威尔和戴夫·乔利

子和木板，几个小时就可以造出一个大而复杂的麦田圈。这倒和1991年"达格和戴夫事件"主人公的说法不谋而合。来自英国南安普顿的这两位童心犹存的老先生声称制造麦田圈所用工具只是木板、绳子、帽子和钢丝。英国伦敦的约翰·仑德伯格也是制作麦田圈的高手，早在1990年，在达格和戴维坦白之前，他就已无师自通地偷偷摸摸制造麦田圈了。马特里·德利是另一个麦田怪圈制作者，曾将制造麦田怪圈的简单技术写出来，他创造的麦田怪圈甚至能糊弄"专家"。现在有关如何创建麦田怪圈的方法充斥于网络媒体，在英国的一些地方每年都举行"作物图案比赛"。

麦田圈通常的制作方法

1. 选择场地。

2. 制作设计图解（但也有麦圈制作者决定到达理想场地后再即兴发挥）。

3. 到达耕地后，立即用绳和杆量出圆圈。

4. 一名制作者站在预设圆圈的中央，一脚站立旋转，同时用另一只脚压倒农作物，形成一个中心。

5. 小组用一条两端系住木板的长绳制作圆圈的半径，该木板长约1.2米，名叫麦杆踩踏器（也可以用园艺镇压器）。一名小组成员站在圆圈中心，其他成员则沿着圆圈边缘走动，走的时候一脚放在木板中央，踩出圆圈的轮廓。

另外，农业科学专家相信，如果秋季在越冬作物的农田里，即在将要制造的麦田圈内，加大剂量施用硝酸铵，那么由于过量施用化肥，麦田圈中植物的氮含量就会迅速升高，麦子达到这种生长强度后，细小的麦秆会因微弱小风的吹拂而倒伏。此外，还可以用绳子沿螺旋线的形式把麦秆勒倒（这种图形在麦田圈中出现过）。采用这种方法可以制作出边缘清晰并向几个不同方向倒伏的麦田圈。某物理学家宣称，可以用激光制作出显示麦田圈轮廓的标志物，然后借助定向微波给谷物秸秆加热并使其弯向地面，谷物冷却后就会定型而变成固定形状的麦田圈。

被戳穿的骗局

1988年初，假麦田圈的另外3名造假者温肯、布林肯和诺德却被赞誉成儿童歌谣中的英雄人物，并得到英国国家广播公司优厚的预付酬金——他们必须在新西兰的一块麦田里完成一个麦田圈。他们先画好图纸，准备好专用的工具，然后计算组成麦田圈元素的数量、完成时间等，并且必须在完全天黑以后才能开始行动。一切就绪后，他们乘机飞往英格兰南部，晚上悄悄进入麦田，干劲十足地卷起袖子，很快就做完了许诺的那个麦田圈。可惜的是，造假者们制作麦田圈时使用的吊车和灯光一下子就被当地老百姓发现了。

这是毫无办法的事，因为没有这些工具他们就无法制作出麦田圈。实际上，从空中鸟瞰他们假造的这个麦田圈图案还算能给人留下深刻印象。不过，互联网上很快就出现了从地面拍摄的照片，从这些照片上能清楚地看到一堆一堆被折断的小麦秆——一看就是十足的假麦田圈。戳穿造假者的骗局终究是不可避免的，可奇怪的是，这些假麦田圈照片随后却令人费解地消失了。随着时间的推移，英国国家广播公司向社会广泛阐明了该事件，并公布了假麦田圈的航拍照片。该节目还分别在加拿大和美国播放，而且是在最佳时段直播。

1998年7月26日的夜晚，英国BBC广播公司摄制组在两个假麦田圈附

近"逮住"几个骗子，这一抓获过程在红外光的照射下被拍摄了下来。这
几个造假者承认他们是第一次被抓。他们对"犯罪事实"供认不讳：他们
的这次制作是受雇于人。大而复杂的麦田圈由温肯、布林肯和诺德来完
成；较简单的麦田圈由达格·鲍威尔和戴夫·乔利来完成。因为夏季夜短
昼长，大部分工作必须安排在白天。如果达格·鲍威尔和他的伙伴不能按
时完成任务，就只好聘用外人帮忙。可是，麦田圈完成后才发现，麦田圈
图案制作得不太规范，不符合雇主的要求。这些假麦田圈的"艺术家们"
却说："这并非制作技艺上的缺陷，只是因为麦穗不是最高质量。但无论
怎么说，造假者们制作的麦田圈与真正的麦田圈相比也显得太简陋了些，
要知道，真正的麦田圈图案必须含有直立的麦秆，相互之间界限明晰整
齐，螺旋状倒伏的麦穗天衣无缝，没有丝毫纰漏和瑕疵。而前者所制造的
麦田圈却完全没有这种特征。

弯而不折的神秘茎秆

　　麦田怪圈是如此的神秘莫测，就连那些匍匐在田地里的弯曲的茎秆也让人惊叹不已。在我们继续探索麦田怪圈的种种迹象之前，不妨来了解一下真正的麦田怪圈里那些弯曲着匍匐在地上却并未折断的茎秆所展现的特征。

弯而不折，神秘的妙手

　　弯曲而不折断的植物茎秆可谓是麦田怪圈制造者的注册商标，正是一股神秘的力量让那些田地里的作物乖乖听话，以不可思议的角度弯曲，却并未折断。时至今日，任何人为制造的麦田怪圈都未能复制出这一点。那些一辈子生活在麦田里的农民也大呼惊讶，他们从未见过这样的弯曲。植物学家对此也无法给出合理的解释。不少"怪圈"的痴迷者坚信，这是由我们迄今为止未曾触及的高科技所创造出来的谜团。

　　植物朝地面弯曲显然违背了自然的趋向性，即使是油菜田里出现的神秘怪圈也同样有这种现象，这更让人们觉得匪夷所思。油菜的茎秆娇嫩而脆弱，最坚硬的部分是位于底部的纤维段，因此油菜的茎秆一旦弯曲就会像芹菜那样被折断。加拿大玉米田里也才出现过类似的情况，玉米的茎秆足足有两三厘米粗，就连成年男性也必须使尽全力才能使其弯折。当地的农民为了让玉米能够抵挡从草原上刮来的烈风，甚至会给玉米施加药物，以使其茎秆更强韧有力。然而，建安大玉米田怪圈大片的玉米都整整齐齐地弯下了"腰"，仿佛被人施了魔法一般。

还有一个特殊现象随着这些弯曲的植物茎秆一同出现：如果用手触碰匍匐在地的植株弯曲处以下的部分，就会发现这部分异常坚硬，几乎不可能被拉直，就好像玻璃一般，将它放入熔炉软化后很容易变形，但一旦冷却定型后，形状就很难改变。问题是，这些作物经历了这些看上去很痛苦的过程，却依然茁壮地成长着。

如果没有人去踩踏那些倾倒的农作物，经过2—7天后，它们就会慢慢长直。这是因为植物有向光性，会冲着阳光充裕的方向生长。不过，植物通常是在其最顶端、最接近阳光的茎节处才具有向光性，因此有些麦田圈内的作物竟然能从任何茎节开始逐渐直立起来，甚至呈现出某种几何形状，这说明一定存在外力介入植物自然生长的方式。

小麦、大麦、黑麦、油菜、亚麻等作物都经历过这种令人匪夷所思的弯折，有时甚至连牧草、稻米、高粱和树木都成了麦田圈制造者妙手下的素材。最近的研究表明，麦田圈作物的范围又进一步拓展，还包括烟草、野草、甘蓝菜、甜菜、草莓、马铃薯等作物。其中有不少植物的茎秆柔嫩而脆弱，但在弯曲的过程中却几乎没有折损。此外，植物之外的其他物质似乎也遇见过类似的神秘能量为之塑形，比如阿富汗的雪圈、美国和加拿大的冰圈、埃及的沙圈、美国俄勒冈州干涸的湖底由淤泥形成的怪圈等。

茎秆神奇的倾倒方式

构成麦田圈的茎秆还有另一个典型特征，那就是它们虽然倾倒并变形了，却都毫发无伤，没有受到任何损伤，亦没有折断。这个特征足以用来在麦田圈的现场区别其真伪。

作物茎秆的倾倒方式也很神奇，虽然它们倾倒在地，但距离地面仍有一段距离，手可以深入其构成的空间之中。在麦穗触及地面的那片区域，地面上也没有任何作物因受到挤压而形成的痕迹。非人造的麦田怪圈内的那些作物仍保持着让人惊叹的弹性，一脚踩在上面，甚至还能感觉到在呈旋涡状分布的作物与土壤之间的空隙里不断有空气被挤压出来，"吱嘎吱嘎"的声响是如此清晰。

只要有人、动物或是机器设备从倾倒的作物上碾压而过，一定会挤压到作物下面的土壤，从而留下印记。英国有一个名为威赛克斯郡的地方，当地的白垩土很特殊，地表上遍布着一层白垩土构成的球状物，小孩用手轻轻一捏就会粉碎。然而，轻轻掀开麦田圈里倾倒的麦子茎秆，你会惊讶地发现，作物下面那一层小白垩土球都完好无损。而南英格兰的很多地方，地表都覆盖着一层尖锐的小岩石，那些匍匐在地的茎秆虽然平躺在那些小石头尖尖的角上，却毫无折痕。但如果是人为制造的麦田圈，则会因为重量的关系而出现深深浅浅的折痕。

如果放任那些倾倒的作物不予理睬，它们则会继续生长，直到完全成熟。这一点对于倾倒的油菜来说格外神奇，因为油菜的植株一旦受损就不会开花，随之还会渐渐枯萎，而麦田圈里的油菜却仍旧生机勃勃。

茎秆构成的神奇底面

麦田圈的底面就是作物倾倒并匍匐在地后所呈现出来的图形。由这些弯曲的茎秆所构成的最常见的底面就是螺旋状，这也是大自然最基本的图形之一。天然的螺旋是以数学上的黄金比例作为基础的，这些茎秆构成的麦田圈从中心到外围有规律地分布，通常包括2个至6个螺旋，数量根据图形的大小而决定。仔细观察不难发现，位于底面的螺旋是由一小束一小束作物的茎秆构成的，若出现的麦束有1米宽，则通常是伪造者借助板子或滚轮完成的。麦田圈的螺旋图案与螺旋的天然规律完美吻合，是人类难以复制的。

随着图像语言的不断丰富，麦田圈的底面也涌现了许多更精巧、复杂的样式，但总是从最简单的螺旋开始。2000年，英国沙利斯柏利一夜之间出现了一个八面体麦田圈，其底面是从圆心绕出来的螺旋，直径足足有18米，而上面又叠加了4个小小的双螺旋形，各自构成象征着"无穷大"的数学符号"∞"。而构成这些螺旋形的茎秆都随着螺旋的弯曲弧度而弯曲，每一小束结合在一起，精妙绝伦。

这些麦田圈的表层图案之下，往往还隐藏着越来越复杂的底面图案。掀开第一层，很可能会发现下面还有第二层，而且那些弯曲的茎秆仿佛有灵性一般，朝着与第一层相反的方向旋转着，创造出令人讶异的奇妙纹理。1990年的一天，英国艾顿普莱尔出现了一个神秘的麦田图像，就是由三层两两相反的螺旋构成的。时隔不久，英国的古德沃斯克雷特福又出现了一个拥有多层螺旋底面的麦田圈。相关报道说，这个麦田圈的"图案精巧而复杂，美得让人窒息，只见那些倾倒的麦子簇拥成一小束一小束的，从中心不断向外层辐射，一直到外围环圈。这是用柔韧的植物创造出来的精妙绝伦的织纹图案，而且这些麦子的茎秆丝毫没有受到损伤"。

神奇茎秆的细部美感

麦田圈爱好者最大的乐趣就是研究茎秆是如何以各种精巧至极的方

式在怪圈的中心汇聚，绞成一束束精美的束状的。其手法之高明，经常让人们联想到古代的工匠，用一双巧手将绸缎编织成结，扎在包裹上，展现出工匠的人格魅力和用心。

"三重朱利亚"就是由麦子茎秆构成的一种怪圈图形，一共由198个大大小小的圆圈构成，其中包含了所有作物的倾倒方式。当这种精巧的图案呈现在麦田圈研究者眼前时，对他们而言，就如同孩童走入了一家糖果店一般，让人目不暇接。还有一种由弯曲的大麦茎秆构成的图案被研究者称为"花圈"，顾名思义，这种图案是由麦子茎秆紧紧扭成一束，交织在一起的，围绕着中央核心，其扭转角度之大令人称奇，这是因为麦穗弯曲与其根部紧紧贴在了一起。也有人难以按捺好奇心，试图将紧紧扭在一起的作物茎秆分开，最后却将整个图形破坏掉了。另一种名为"茅棚"的图案则以简单迷人取胜，在直径大约为30厘米的圆圈之中，大麦茎秆呈放射状向外弯曲，在距离地面约15厘米处逐渐收拢，包围起来的小小空间与非洲当地经常可见的小茅棚很相似。

上述种种作物茎秆的神奇特征，无论用任何特级或特殊器材都难以实现。木板一旦从作物上压过，那些茎秆就会乱七八糟地倾倒在地，就好像睡了一晚上的乱糟糟的头发。而一旦用力过猛，强烈的力道就会将麦粒从壳子里挤出来，麦田圈里就会撒满麦粒。如此轻柔的力道，如此匪夷所思的弯曲角度，如此巧夺天工的图案，恐怕也只有来自天外的神奇力量能够造就吧。

隐匿于麦田里的幕后黑手

麦田怪圈出现最多的季节是在春天和夏天麦田郁郁葱葱的时候。每当此时，随着全世界的新闻媒体竞相报道，麦田圈旅游季节开始了，一直到麦地被游人踏平或者农作物被收割时结束。观光旅游固然为赏心乐事，但疑窦丛生的人们对"麦田圈"如何形成的揣测始终存在——这神奇麦田圈的幕后黑手究竟是谁？

听不到的次声波

人们通过多次的观察和试验，发现在那些真正的麦田圈中存在着电磁能量。有人认为，正是这些能量在不破坏作物内部机制的前提下创造了麦田怪圈。很多学者还发现，麦田圈中存在一种特殊的声音。

麦田圈中的电磁场是以一种固定频率震动的波形存在的，通过不同的测量表明，这种波的振动频率为5.2赫兹，属于人耳听不到的次声波范畴。麦田怪圈中还会经常发生一些怪现象，如电子仪器、指南针失灵，数码相机、摄像机及其他专业设备电池的电会很快耗尽，录音设备无法工作等。究其原因，可能正是麦田圈静电磁场存在之故。有研究表明，这种静电磁能量场会在麦田圈出现几天后减弱。科学家阿德里亚诺·弗吉欧尼认为，麦田圈是某种物体或某些人无意中将自身作为导线，聚合了麦田圈周围的能量，压倒植物根茎而制造出来的。

水是"幕后黑手"吗

水可载舟亦可覆舟，兼有养育与毁灭的功能，人类早期对它变化无常、不可捉摸的特性又爱又怕，遂产生了对水的崇拜之情。通过赋予水以神的品格与灵性，祈祷它能给人类带来丰收、幸福与安宁。中国的龙在这种意义上就是对水的神化。凡有水域之处都有龙王，龙王庙更是遍及全国各地。祭祀龙王，祈祷风调雨顺是中国各地都普遍存在的信仰风俗。

学者科林·安德鲁认为，每一个出现麦田圈的地区都有丰富的地下水源存在，由此推测，水可能就是隐藏在麦田圈幕后的"黑手"之一。这还可以解释为什么麦田圈在世界某些地方频繁出现，而在其他地方却一个也没有。事实上，水确实能增强地表磁场，起到一个扩大器的作用。鉴于此，有科学家认为"天空力量"（空中也有磁场，且具有较高的电磁温度，可以提高植物韧性）和"地面力量"（被水扩大了的地表磁场）结合能够创造麦田怪圈。可问题是，究竟谁有这么神奇的本领可以将两者结合起来呢？

据调查，在所有的非人为制造的麦田圈案例中，在其出现之前，都有飞碟或神秘光球出现，几秒钟之内就可以形成一个巨大无比或者复杂无比的麦田圈，有时还伴随某种奇怪的"滋滋滋"声。研究者认为这种声音是高能频率振动所发，不同的振动频率会导致不同的能量形式，而外星人正是利用不同的高能频率振动在瞬间制造出麦田圈。有关专家还指出，这种高能振动频率除了可以开启人类的灵性意识之外，还可以形成强力磁场，这种磁场有助于平衡、稳定地球能量，使地球平稳度过转变期。

波动图谱理论

波动图谱理论是研究各种形式的波在通过各种不同的物质时所产生的几何图形的学科，现在麦田怪圈与波动图谱研究理论之间的关系已经很清楚了。波动图谱反映的主要是在某一时刻波的传播方向上参与波动的一系列质点位移的情况，从图像上可以直接读出振幅和波长，随着时间的推移，波形图线会沿着波动方向匀速移动，每隔一个周期一动一个波长的距离，但就每个质点而言，只在各自平衡点两侧反复振动，并不随波迁移。

如果麦田圈中真的存在超声波和电磁能量，那么根据这一理论，我们就可以解释为什么这些能量会创造出麦田怪圈了。如前所述，有人认为麦田圈是天空某种能量场与地表磁场联合作用的结果，这种猜想主要就是建立在波动图谱的研究理论之上。

沉淀物背后隐藏的奥秘

大地中普遍存在各种矿物质，对科学工作者来说，这是常识。但近来研究发现，麦田怪圈中的矿物质无论是存在形式还是浓度都异乎寻常。首先对此现象进行研究的是威廉·C. 莱温古德教授，他曾在美国密歇根州立大学任教，后来成了一名自由学者。

自然沉积物

沉积物是地质学专业术语，指任何流体流动所移动的微粒，最终成为在水或其他液体底下的一层固体微粒。沉积作用即为混悬剂的沉降过程。沉积物亦可以由风及冰川搬运。沙漠的沙丘及黄土是风力运输及沉积的例子，这种沉积物搬运方式被称做"风成作用"。冰川的冰碛石矿床及冰碛是由冰所运输的沉积物。简单的重力崩塌制造了如碎石堆、山崩沉积及喀斯特崩塌特色的沉积物。

每一种类型的沉积物有不同的沉降速度，依据其大小、容量、密度及形状而定。江河、海洋及湖泊均会累积产生沉积物。这些物质可以在陆地沉积或是在海洋沉积。陆生的沉积物由陆地产生，但是也可以在陆地、海洋或湖泊沉积。沉积物是沉积岩的原料，沉积岩可以包含水栖生物的化石。这些水栖生物在死后被累积的沉积物所覆盖。未石化的湖床沉积物可以用来测定以前的气候环境。沉积物在人造防波堤累积，因为防波堤减慢水流速度而令水流可携带的沉积物减少。

冰川搬运石块，那些石块在冰川退缩时会沉积起来。如果流动速度比沉降速度大，沉积物就会用"悬浮负载"的方式运送到下游。如果冰川流速较缓，部分大体积的沉积物会在河床或溪床坐落下来，但是仍保持向下游前进的状态。这些沉积物被称为"推移质"或"底沙"，而沉积物所经历的过程则被称为"跳跃运动"，意即不停利用水流带动一段短距离，从而再次坐落下来。沉积物在跳跃运动中以滚动或滑动的方式移动。跳跃运动的印记常常在坚固的岩石上保留着，并被用做估计河水在堆积沉积物时的流动速度。

引起河道沉积物淤积的一个主要原因是热带森林的刀耕火种。当地面的植物被砍伐及烧毁一切生物后，上层土壤变得对风或水的侵蚀十分脆弱。在地球上的一些区域，整个国家的土壤都被侵蚀。例如马达加斯加正中的高原，占全国约一成地方，实际上整个区域的植被都被完全清洗，形成的冲沟有50米深及1千米宽。轮耕是一个在世界上部分地区会与刀耕火种一起使用的农业系统。以上不停供应沉积物负载给马达加斯加向西流的河流，令其河水颜色呈现深棕红色，进而引起鱼类大量死亡。

沉积的磁性矿物质

麦田圈中的沉积物引人深思，尤其它里面所含的第一种磁铁矿物质浓度竟比大气之中高600倍，麦田圈仿佛一块巨大的磁石，将游离于周围的铁矿物质不断吸引过来。那么，磁性矿物究竟有什么特点呢？磁铁矿在磁场中很容易被磁化。磁场较低时，磁铁矿的磁化就可以达到磁饱和。就是说，外磁场的磁场强度再增加，磁铁矿的磁化强度或磁感应强度也不增加了。磁铁矿离开磁场后，矿物不能恢复到进入磁场前的状态，而保留一定的磁性。这种现象称为剩磁现象。要想去掉剩磁，就需要给它施加一个反向磁场。使剩磁完全去掉所加的反向磁场的磁场强度叫矫顽磁力。

而处在不同物理、化学条件下获得剩磁的各类岩石有着不同的磁性载体。例如，大多数火成岩的磁性载体是钛磁铁矿和铁赤铁矿，纯铁和铁镍合金不多见，但月球岩石的磁学性质却与所含铁及其合金有关；深海沉积的主要磁性载体为钛磁铁矿；陆地沉积岩的磁性矿物学问题极为复杂，因为这些沉积物都是由原来的火成岩、沉积岩与变质岩的碎屑沉积而来的。最新研究结果发现，某些大陆及海洋沉积的主要磁性载体可能是细菌磁铁矿，有些超磁性细菌甚至在无空气、缺氧的环境下亦能生存。因此，生物起源的磁性矿物可能比原来想象得更普遍。

麦田圈中第二种磁性矿物质是粉末状的硅，它在地表的任何地方都存在。不过，在麦田圈中它的分子形状却不是通常的水晶状，而是微小的球体，如同被高强度辐射波融化之后又迅速冷却了。不仅如此，这些硅粉在黑暗中还会发出一种黄绿色的光，但检测结果表明，它的成分中并不含发光物质氟和磷。如此就剩下了一种解释，那就是它的电子在极短的时间内接收了极高的能量。莱温古德教授的研究并不仅仅局限于以上列举的两种矿物质，他同时还注意到了麦田圈内外植物的差别。当电磁场出现的时候，未成熟和成熟植物的反应是不一样的，对于未成熟的植物来说，它的种子会停止发育生长，麦穗所结的籽粒有时还会大幅度减少，而已经成熟的作物则恰恰相反，产量有可能会骤升5倍。教授认为，这是磁场能量的辐射给作物提供了活力。

$$6$$

怪圈里失灵的仪器

1998年5月3日，年轻的摄影师克瑞拉从西坎尼特的长丘开始，一整天都在艾夫伯里一带拍照。第二天凌晨3点，他在圣所附近观望月亮西沉的美妙景致后，摄影任务便告一段落。从古老的圣所望出去，西尔伯利丘陵伫立在平缓的平原上，迎着淡淡的月色闪闪发光，西坎尼特便在它的左侧。

克瑞拉收拾好摄影设备，回车上准备打一个盹，但因为天气变冷，便改变主意开一段路暖暖身子。凌晨4：30，他开车一路向西，长丘下，将要成熟的麦田在逐渐亮起的晨光中显得淳朴而自然。一个小时后，他开车返回圣所，赫然发现麦田中一个直径76米左右的巨大图样——新麦田圈出现了！这个麦田怪圈的图案呈月牙状，其环圈边缘共有33个大小相同的"火焰纹"。换句话说，每个部分所占的角度都是10.90909度。如果从空中鸟瞰，麦田圈便如一朵硕大的黄花映着阳光，非常美丽。整个图案看起来还有点像罗马的拼贴瓷砖，中央直径6米范围内的麦子全部直立完好。这个麦田圈出现的日子是居尔特人的太阳节，33条火焰纹非常明显地标示出两者之间的联系。传统上，33是太阳数，而在许多宗教里，33更与神性关系匪浅。一年365天除以33，得到的数字是11.060606。其中，11年是太阳黑子活动周期，666（去掉0）则代表太阳以及"兽性"。

失灵的仪器

英格兰威尔特郡埃夫伯里的席林一家也发现了这个代表太阳以及"兽性"的麦田圈。这天，他们一家到户外听鸟鸣，与克瑞拉一样，也在早上4：30经过一片麦田，那时麦田还完好无缺，但到了5：45分回家的时候，麦田圈就好像变魔术一般凭空出现在麦田里了。据他们说，麦田圈里的麦子沾满露水，湿气很重的土地上也没有任何人出入的痕迹。而他们走进去的时候，虽然尽量放轻脚步，还是不免留下一个个鲜明的足印。隔天早上，英国国家广播公司驻威尔特郡记者在麦田圈里进行广播访谈，没想到录音机突然陷入疯狂状态，急速旋转之后又猛然停止。记者惊讶之余，只好让所人离开麦田圈50米继续进行访谈，结果录音机又恢复正常了。然而只要一进入麦田圈，马上就会出现同样的故障。

当天稍晚一些的时候，对麦田圈嗤之以鼻的英国ITV电视台也派人过来瞧瞧，这似乎让神秘的麦田圈制造者找到了戏弄他们的机会。报道播出当晚，画面看起来也没有中断，但在熟知电视制作的人看来，每帧画面都短得不合常理，简直是对国家媒体工作人员敬业精神的侮辱。于是，节目制作人遭到电视工程部的问责就在情理之中了。负责人解释说，播出画面短是因为音效系统不断出故障，绝大部分录音都无法使用。结果，英国ITV电视台与国家广播公司一样，都无法对这种现象做出合理的解释。

电磁学与能量网络

经科学家研究，宇宙间包含着能见光与不可见光，当光能与重力交互作用时，光分子的旋转速率会减缓，各种各样的频率混杂在一起就呈现出物质的形态，也决定了所有物体以及生物的质量与形式。光具有波粒二象性，既是波状，也是粒子，借助电磁场传递能量。电磁场是两种波动形式交替变换而产生的，一是电场，二是磁场，彼此相差一步。电磁波是横波，即两种波动一前一后移动，震动方向和行进方向彼此垂直。横波带有对所有生物都非常重要的信息，尤其是对体内的DNA。但这和麦田圈又有什么关系呢？答案是电磁波可以产生干扰和加热作用。1987年，著名的麦田圈研究者安德鲁斯与戴尔加多在测量两个麦田圈时，发现随身携带的罗盘的指针突然逆时针旋转。当时罗盘就放在麦田圈中心，没有人动它，没有任何东西接触到它，附近也没有金属物质，所以两人都感到神秘莫测。等到罗盘终于恢复正常，两人找来一把铁尺放在它旁边，希望得到罗盘故障的科学解释，但他们失望了，罗盘对铁尺之类的玩意毫无反应。

"超自然的鬼把戏"

还有不少稀奇古怪的例子。不少农民证实，原本非常耐用的轮胎一进入麦田圈就会爆胎，现场没有尖锐物品，轮胎没有任何被刺穿的痕迹，气阀也很正常。威尔特郡曾有两台牵引机同时经过一个麦田圈，结果两台机器的金属结构严重受损。要知道，农民们很忙，根本没什么闲心，也没什么时间来搞"超自然的鬼把戏"。

麦田圈不但可以导致进入其中的电子仪器失灵，其影响甚至可以及于空中。20世纪80年代，一位直升机飞行员经常飞过一个麦田圈上空，飞机每次都会在那儿出现故障，像疯了一样失控。飞行员难以忍受这种惊心动魄的折磨，从此拒绝飞过那片区域。一位游客参观完一个名叫"九新月"的麦田圈之后，发现自己的信用卡磁条全部失效，反而是放在车中没有带入麦田圈的一张还能用。

数年之后，汤玛斯教授造访威尔特郡著名的麦田圈，随身带着一个黄铜外壳的飞行罗盘。这款罗盘曾在二战期间准确指引飞机投掷炸弹，磁场灵敏度在同类产品中首屈一指。汤玛斯教授想知道，这个罗盘在麦田圈中会发生些什么变化。虽然早有思想准备，可他在走入麦田圈之后，还是不免大吃一惊。向来精确无比的罗盘指针竟然向东偏斜15度，越接近麦田圈中心，偏移的幅度便越大。汤玛斯教授最后将罗盘放到地上，里面的指针立刻剧烈摇摆。观察实验之后，汤玛斯教授说："异常现象似乎与麦子的倾倒方向有关，而磁场强度则与离地高度有关。我们有理由推测，磁场是与麦田圈形成同步出现的，强度则会随着时间推移而递减。"

克莱莫纳的人造"花朵"

克莱莫纳是位于意大利北部的一座历史小城，人口仅仅8万多。城内有建于1267年高达111米的托拉佐教堂钟楼，比威尼斯的圣马可钟楼还高出24米，位居意大利之首。不过这座钟楼的王者风范也只限于数公里方圆之内，相比这座小城的提琴制作业，钟楼的影响实在是微不足道，因为克莱莫纳是全世界提琴制作家们的圣城。

大师辈出

从16世纪中叶起，阿玛蒂家族、斯特拉迪瓦利家族和瓜涅利家族造就了克莱莫纳近300年的辉煌。三大家族流传的提琴，如今都已成绝世珍品。提琴制作大师不可逾越的技艺，使得留世作品充满着神秘色彩。1737年，93岁高龄的斯特拉迪瓦利在完成最后一把小提琴"天鹅"后溘然去世。1743年，瓜涅利的小提琴"大炮"帮助帕格尼尼征服了全欧洲，一年后瓜涅利也驾鹤西去。1747年斯特拉迪瓦利的高徒贝尔贡齐悄然离世后，提琴的圣城就逐渐凋零了。她的光芒射向拿波利、都灵和意大利之外的欧洲国家。到19世纪初，克莱莫纳的制琴业几乎已经绝迹。如今，克莱莫纳又重返世界制琴业的巅峰，领军复兴大业的是两位大师：比索洛蒂和莫拉西。

对于制琴大师来说，他们都是以纯手工的方式来制作小提琴，而通常一把琴的制作要耗费1个月左右的时间。小提琴的灵妙，就在于它的音色千人千面，且每把琴的尺寸只取近似，全无雷同。即使是同样的选材、比例、油漆，其成品的音色也会全然迥异，这也许正是让小提琴爱好者所迷恋的地方。在克莱莫纳还有个小提琴博物馆，为的是纪念斯特拉迪瓦里等为数众多的意大利制琴大师，以及追忆16世纪至18世纪那段意大利小提琴制作的黄金岁月。博物馆开放后，馆内主要陈列如下两种展品：一类自然是古老而珍贵的提琴收藏，另一类则是一些新制作的提琴，因为只有将两者结合起来，才能很好地将克莱莫纳小提琴制造技艺的传承脉络展现出来。

鲜花"插在"克莱莫纳

曾几何时，英国著名麦田圈研究组织"探险者号"来到了这座提琴制造业圣城，但他们既不是为了欣赏制作提琴的高超技艺，也不是为了聆听美妙的音乐，而是要在这儿制作一个麦田圈。该组织带着红外摄像机，在克莱莫纳附近的麦田里布置了四座灯塔，准备用一个晚上制作一个足以乱真的麦田圈。这是英国麦田圈研究组织"探险者"号发起的一次人造麦田圈活动。他们勘察、比较过欧洲多个名城后，选中了克莱莫纳作为实验场地。研究者早就设计好了麦田圈图样——那是一朵硕大无比的鲜花。结果，就行动之前的预期来说，他们基本获得了成功，但要做的和自然形成的麦田圈一模一样，大家都认为有点不切实际，起码还有点为时过早。

"要小心外星人！"

意大利曾是古罗马帝国的中心区域，是一个充满神话传说与浪漫风情的国家，名城众多，古迹无数。这里不但盛产世界知名的小提琴，也时有真正的神秘麦田怪圈光顾。2003年，意大利都灵出现了不可思议的麦田圈，与2002年出现在另外一个小镇附近的麦田圈含有相似的讯息，而据专家研究，这讯息断乎不能轻视，它里面的意思是一种对人类的警告。这两个麦田圈都包含了二进制码，内圈里有更多的神秘代码，目前还无法完全搞懂。专家对这两个麦田圈进行初步破译后，发现它们发出的是相同的警告："要小心外星人！"

这与史蒂芬·霍金的担忧相同。霍金说过："外星人会被他们控制的强大能量所支配，很有可能成为星际游牧民族，找寻可以统治与殖民的星球。我能够想象他们拥有巨大的宇宙飞船，以消耗掉他们星球的能量。假如他们来拜访我们的话，我想结果会跟哥伦布刚抵达美国时一样，这对印地安人来说可不是一件好事。"

关于这两个麦田圈的二进制码翻译，后来还有进一步的引申发挥，结果居然是这个意思："小心带来假礼物与假承诺的人；许多痛苦但还有时间；相信还是有善意存在；我们反对欺骗；管道（指虫洞或星际旅行通道，科技术语）结束！"这看起来有点像罗马著名诗人维吉尔（Virgil）诗歌里的段落，还有点像木马屠城的故事——希腊人用假礼物欺骗特洛伊人，然后进入特洛伊把他们打败——意谓外星人也同样有善恶之别。邪恶的外星人可能会为了自身的利益而欺骗我们。但好心的外星人可能会有一样的动机，他们担心假如我们知道他们的科技有多先进，会吓到我们，从而对人类的科技与文化进步造成不良影响。

$$8$$

来自植物类能量的神秘预示

大自然中总是蕴藏着我们无法想象的能量与秘密，各种携带了自然密码的植物，给人以无限灵感。绿色的植物是生命力的象征，能帮助人回归自我，摆脱环境和岁月的侵蚀。

2014年8月6日，英国的威特郡又出现了一个奇特的麦田圈。这个麦田圈的图案和以往不同，它没有复杂的几何图案，却有能刺激你的难以言表的美感，尤其是那些麦杆倒伏而产生的节奏感和韵律感，非常奇妙。只要你看它一眼，内心便会产生无法形容的喜悦感。或许，这个麦田圈的图案里隐藏着我们尚不可知的隐形能量，而这些能量正是引起观赏者产生喜悦感的神秘源泉。

植物与人的心灵感应

人的心灵与情感可以和植物沟通，这种想法听起来好像令人匪夷所思，人怎么能和植物进行心灵沟通呢？可是近些年来，有些科学家在这方面取得了很大的成果，引起了人们的普遍关注。

美国的奥克兰·威妮女士某天突发奇想，想知道植物是否有意识，于是从公园里摘了两片虎耳草叶子，一片放在更衣室，一片放在床头。威妮对这两片叶子区别对待：每天早上都会看看床头的叶子，心里祝愿它继续活着；对另一片叶子则不闻不问。一个月之后，她丝毫不加关注的那片叶子枯萎变黄，而得到她祝愿的那片叶子不但活着，而且像挂在树上一样新鲜。威妮女士虽然期待着这样的结果，但还是为此感到震惊，这似乎表明：植物是有意识甚至有情感的，也是可以与人类沟通的。

美国加利福尼亚洛斯托斯国际通用机器公司的总化学师奥格尔得知此事后，认为既然人的精神力量可以直接影响乃至改变树叶的生命状态，那就说明植物可以感知到人类的意图并获得来自人体的能量。奥格尔模仿威妮女士的做法，从一棵榆树上摘下3片叶子放到床边的一个小碟里，然后每天用一分钟时间集中精力注视碟子中的两片叶子，鼓励并劝勉它们坚强地活下去；而对其中一片叶子则故作冷漠，不予理睬。一周后，三片叶子果然有了不一样的反应，遭受冷遇的叶子枯萎了，另外两片则依然鲜活。更加让奥格尔感到奇怪的是，两片活着的叶子在采摘时留下的伤痕似乎在渐渐愈合。奥威尔由此得出结论：植物的确能与人进行心灵或情感方面的某些沟通。

这件事激发了奥格尔的强烈兴趣，他决定进一步探究，不但要知其然，还想知其所以然：人的精神意识是如何影响并改变植物生命状态的？他用高倍透析显微镜将植物体液活动放大数百倍，并制成幻灯片，同时加强对植物样本的关注，仔细观察植物液体因子的变化。结果发现，果然有某种更高级的动力参与了植物体液因子的运动方式与方向，这也许就是植物可以获知人类意图的神秘力量。

奥格尔并未感到满足，还想知道植物在与人类沟通或互动时是否有固定的时间。于是在一年后，他又开始了新的尝试。这一次他选择的试验对象是海芋属植物，他将氢电流计连在一株海芋属植物上，自己则平静地站在植物前，然后伸手温柔地触碰它，这样做的时候，他反复地告诉自己，海芋是自己的亲密友人。不出所料，他每一次的触碰都让能量仪的记录产生向上的波动，同时还感到有某种能量从植物身上传到他的手中。

隔了几分钟，奥格尔重复相同的试验，但这次海芋并未出现上述反应。奥格尔若有所悟，觉得人与植物之间的互动，与爱人或挚友间的感情反应类似，彼此之间热烈的情绪能够互相感染，但这种情感温度不能永久保持，当储存的热情能量耗尽后，双方都需要重新补充，以便开始下一轮互动。

奥格尔意识到，与植物进行互动时必须集中全部注意力。如果人能够聚精会神地对植物施以祝福、激励，那么植物就会产生积极的意识，可以从萎靡状态下苏醒，并与人在精神上结合为一体。奥格尔通过种种高精密能量仪的试验，认为植物能放射出有益于人类的能量，并把这种力量传送到某个人的特定能量场，人体不但可以感觉到这种力量，反过来也会把自己的能量传递给植物。实验表明，植物确实是活生生的个体，不但有意识，也有感情。

花朵的情绪

据埃及历史记载，古代的埃及皇后经常沐浴在花瓣里。中国的三国时期，名医华佗用丁香、香草、檀香、红花、菊花之类治疗呼吸道疾病，用玫瑰花祛淤消肿。唐代杨贵妃为了保持青春，在布满花瓣的浴池里沐浴。可见，人们早就知道运用花卉植物能量协调人的能量以达到身心健康的目的了。

各种生物皆有其独特的生命能量，花朵自然也不例外。每种花都有各自的生命能量与波频，能应对某种情绪，如果与人的身心讯息共振，便可激起治疗波频，平衡体内失衡的能量。花朵其实就是它生长其上的植物的脸，代表着那棵植物的生命气息，而每一朵花的气息都是独特的，就像每一个人的脸都是独特的一样。

世上没有完全相同的两个人，也没有两片完全相同的树叶，花朵同样如此，每一种花都会给人不同的感觉与遐思，这些不同的体会就好像我们遇上不一样的人一样：有些人令人如沐春风，有些人却令人敬而远之；有些人使我们感觉轻松愉快，而有些人却令我们倍感压力！

麦田圈中的心理测试

也许，有些麦田怪圈中产生的奇特效应，就来自于植物能量。1995年春，麦田圈专家来到一个麦田圈，对其提出很大质疑，认为它是造假。可当他沿着麦田圈中的小道走动时，产生了某种很不快的感觉，他极力安慰自己，让自己坚信一切都会好起来的，可是没有效果，最后被迫离开。刚一离开，那种不快的感觉立即消失了。麦田圈专家非常疑惑：难道麦田圈能够感应或者理解自己对它的质疑，从而也对自己表示不满与排斥？他再也不想去下一个麦田圈了，反复在这个麦田圈里试验几次，可结果总是感觉不愉快。

关于麦田圈或其内的植物能否与人互动，也有科学家曾经做过针对性的实验，但结果却并不足以证实此类假设。1993年，由20名即将成为法兰克福未来的电影导演的大学生组成的参观团来到英国。他们的教学大纲中规定，除所有其他课程外，还要对麦田圈和巨石阵进行调查研究。1993年7月11日夜，在离埃夫贝利大道不远的怀登希尔出现一个麦田圈。次日凌晨，大学生们来到现场并进入麦田圈内，20名大学生中有18人感觉到异常影响效应：积极影响和消极影响。在大学生们来英国前，麦田圈研究者为了测验人的主观意识是否会引起麦田圈植物能量的回应，曾向他们提出一个问题："你们是怎样看待麦田圈的？"有半数大学生认为，麦田圈是那些"艺术家们"手工创造出来的作品。而另一半人则推断，麦田圈的出现是某些超自然力量参与完成的。最后大学生在麦田圈里果然体验到积极或者消极情绪影响，但这却不取决于他们对问题的回答，可见积极或者消极影响并非取决于他们对待麦田圈的主观态度。看来，扑朔迷离才是麦田怪圈的本质。

$$\bigcirc\!\!\!9$$

地表水留下的神奇痕迹

地表水是指陆地表面上动态水和静态水的总称，亦称"陆地水"，包括各种液态的和固态的水体，主要有河流、湖泊、沼泽、冰川、冰盖等。它是人类生活用水的重要来源之一，也是各国水资源的主要组成部分。

麦田圈与地表水的关系

科学不会简单地敷衍问题，需要用证据来说话。经过多年的观测与数据积累，研究者们发现一个有趣的现象：在英国出现的麦田圈中，有87%以上出现在浅层地下水上方，有78%以上出现在白垩土或海绿石砂（砂岩和绿土的混合土层）之上。人们由此推测，塑造麦田圈的力量似乎和水有着密切的关系。

事实上，纯水本身是不会导电的，起导电作用的是水中的矿物质。盛产麦田圈的英国威尔特郡的蓄水层富含碱性白垩，主要成分为史前海洋生物的残骸，带有微量磁铁矿，此种白垩受压会产生静电，可感应地球磁场。

蓄水层、地下水位和麦田圈三者究竟有什么关系呢？美国麻州BLT研究小组对此展开专业的研究，他们发现威尔特郡的蓄水层每一季含水量变化幅度最大，而丰富的白垩和充沛的地下水相结合，从而产生地表电流，而电流变化可以产生磁场，这意味着威尔特郡是世界上最大的电能导体。而水的稀释程度越高，共振就越大，同时还能发出电磁波，麦田圈里的电磁波不但明显升高，其主要频率更与人体频率遥相呼应。还有研究表明，麦田圈或许能够激发并唤醒人类DNA的蛰伏部分。这些分析对研究麦田圈的成因具有重要意义。

地表水由自然降水和下雪累积而成，自然地流失到海洋或是经由蒸发消失，以及渗流至地下，形成全球的水循环。地表水系统的自然水大多来自于该集水区的降水，也有其他许多因素影响此系统中的总水量多寡，比如湖泊、湿地、水库的蓄水量，土壤的渗流性，此集水区中地表径流之特性等。当然，人类活动对这些特性也有着重大的影响，比如为了增加存水量而兴建水库，为了减少存水量而放光湿地的水分，为了开垦活动增加径流的水量与强度等。

水在人体内的循环

水的溶解力非常强，许多物质都能溶于水，并解离为离子状态发挥重要的作用。所以，水不仅是构成身体的主要成分，而且还有许多生理功能。水的比热大，可以调节体温保持恒定，当外界温度高或体内产热多时，水的蒸发及出汗可帮助散热；天气冷时，由于水储备热量的潜力很大，人体不致因外界寒冷而使体温降低；水在人体内直接参与氧化还原反应，促进各种生理活动和生化反应的进行；蛋白质和脂肪不溶于水，但可悬浮在水中形成胶体或乳液，便于人体消化、吸收和利用；水的流动性大，一方面可以运送氧气、营养物质、激素等，一方面又可通过大便、小便、出汗把代谢产物及有毒物质排泄掉；水还是体内自备的润滑剂，如眼泪、唾液和浆膜腔液等都是相应器官的润滑剂。水参与人体血液循环、呼吸、消化、吸收、分泌、排泻等生理活动，若无水，体内新陈代谢无法进行。

潮汐与引力

月球对地球的影响如今已经是常识，由于月球和太阳的综合影响作用，在与地球相对的一面的海洋中会形成潮汐波。在上弦月时，月球和太阳各自处在相对地球的不同一侧，潮汐就会跌落。在下弦月时，太阳处在地球的另一侧，地球海洋上就会出现最高大潮。而在满月时，如果月球和太阳处在地球的各自一侧，潮汐就会跌落。

月球不仅影响到地球上海洋的涨潮和退潮，还影响许多生命体的状态。类似的潮汐作用在地球的大气层中以及地球本身的物质中都存在——所有这一切都会对地球上的一切生命产生附加的潜在影响。

科学家曾对麦田圈中有无引力作用做过测验——借助普通测锤能显示出麦田圈中的引力作用。在英国威尔特郡的奥格波伦—梅西出现的麦田圈的中心，测锤的垂直度偏差为15°—20°——这意味着麦田圈内确有不同寻常的引力作用，至于是否与水源或者潮汐有关，还有待进一步研究。英国国防部前工作人员特德·理查德据此开玩笑地说："科学家们是否突发奇想准备把这一变化引入他们的公式里？那么，什么能让测锤乖乖地停下来——抑或延长，抑或缩短测锤的摆动周期？"

是制造者，还是伪造者

"道格和戴维事件"激发了许多人的灵感，一大批模仿者出现了。从1991年开始，麦田圈现象走出英国，风行全球，欧洲大陆、亚洲、北美、南美、澳洲各地都纷纷发现了麦田圈。在世界主要国家中，只有中国和南非很少有关于麦田圈的报道，不知道是因为外星人对这两个国家不屑一顾，还是这两个国家没有从事这种恶作剧艺术的风气。不管怎样，麦田圈的数量正在剧增，每年都有数千个被发现，图案变得越来越精美，越来越复杂，越来越巨大，越来越有"含义"。

第一个被处罚的麦田圈制造者

英格兰多塞特郡布兰福德福鲁姆附近的麦田里再度出现麦田怪圈，令当地人感到为难的是，他们仍然不知道是谁用什么工具打造了它。这个麦田圈直径400英尺（121.92米），由几何线条和环形组成图案，是在一夜之间出现的，在麦田里延伸得很远。很多人认为这个麦田怪圈是由当地爱搞恶作剧的人打造的。

家住威尔特郡埃夫伯里的业余飞行员，同时也是麦田怪圈迷的马修·威廉姆斯说："无论是谁，或者是用什么打造了这种形状，他们都必须通宵呆在那里，而看到这些美丽的图案，你一定会非常钦佩他们的精湛手艺。"

威廉姆斯并不认为这是一种超自然现象，他承认自己也曾亲手打造过这种怪圈，并且是英国因制造麦田怪圈被宣判有罪的唯一一个人。威廉姆斯将他打造的一个麦田怪圈的照片上传到网上后被人告发，地方官员因此对他进行了100英镑的罚款。从此他放弃了这个爱好，因为他染上了花粉症。

由于遭到当地农场主的打压，2010年威尔特郡仅出现15个麦田怪圈，与之相比，2012年是50个。权威人士称，旅行者则希望从中获得"灵魂出窍的体验"，而农场主则饱受麦田怪圈的折磨。一些农场主甚至会在怪圈出现后，很快就把麦田里的这些图案割掉。

英国另一个自称麦田圈艺术家的约翰·伦德博格说，7月是打造麦田怪圈的最佳月份，他也曾承认打造过这种图案。他称："这个季节从4月份开始，适合打造怪圈的第一种农作物是油菜。6月份是大麦，7月中旬是小麦。小麦是打造麦田怪圈的最佳农作物，此时也是最为复杂壮观的怪圈出现的时节。小麦的每个秸秆都是直立的，因此你能打造出非常清晰的图案。"与农场主一样，并不是每一个人都很欣赏伦德博格付出的努力。据传闻，他曾遭到那些认为麦田怪圈是外星人杰作的人的辱骂。

伦德博格是一个名为"Circle makers"的组织的成员，他说："我的艺术团队收到数千恶言谩骂的邮件和电话。曾有人袭击了我们的不动产，我们其中一员还被扔了砖头。不过好在这里不是美国，这里的人不会随身携带枪支。我并不认为自己是个爱搞恶作剧的人，我对戏弄别人不感兴趣。"然而人们的假设是，如果我制作一个麦田怪圈，这一定是因为我想破坏人们的信念，让他们不再认为这种东西是由非人类打造的。

雪地暴走创作雪地怪圈

英国人西蒙·贝克（Simon Beck）称自己为"世界上第一个也是最著名的雪地艺术家"。雪地艺术既能艺术创作，又可强身健体。2004年某一天，西蒙滑了一天雪后心血来潮，在雪地上走出了一颗星星的形状，到了滑雪场旅馆楼上往下一看，瞬间被自己的杰作所震撼！从此，他便迷恋上了这种"行为艺术"。

年过五旬的他每天穿着厚重的雪鞋工作5—9小时，每幅作品约需9-12个小时，走出的距离为2万—3万米，一幅画的面积通常是3个足球场大小。如果在朋友圈晒步数的话，他绝对稳居榜首。毕业于牛津大学工程学专业的他，不断在欧洲各地用双脚丈量着冰雪世界。几何图形乃至数学模式让他不断创造惊人的形状，甚至进阶3D版设计。令人惊艳的作品让西蒙在社交网站上吸引了数十万粉丝，他还出版了自己的作品集。在茫茫白雪中见到如此美轮美奂的图案，着实让人觉得惊喜。

雪地怪圈

画家也疯狂

1998年，两名年轻画家出于广告的目的，也是为了得到优厚酬金，他们效仿在麦田里出现的"三菱汽车"麦田圈，也要做一个类似图案的麦田圈。广告商在奥尔顿—巴伦斯的东菲尔德高处观察他们是如何工作的。毫无疑问，他们从事的这项劳动实在不能让广告商满意，因为他们似乎是制作麦田圈的外行，根本不知道应该做什么和怎样做，更谈不上做好，还经常发生争执。这项工作显然不轻松，天气又炎热，他们汗流浃背，也没有体力上的准备，并不能做到心中有数。他们俩在征得农场主同意的情况下开始制作麦田圈，因此也不用担心损坏庄稼被罚款了。可在如此优越的条件下，他们足足用了两天时间也没能效仿成功外星人的"三菱汽车"麦田圈。

如果从艺术或者兴趣角度出发，人造麦田圈并不能称为"伪造"，人们之所以一定要分清楚"制造"与"伪造"，是因为还是相信有真正的"麦田圈"存在，因为有"真"才会有"假"，那么"真麦田圈"从何而来呢？答案依旧不得而知。

"三重朱莉亚集合"的时间倒流

在一个平面上，各种"点"形成分形集合序列，这一序列可能扩散于无穷大，或始终处于某一范围之内不扩散，收敛、聚集于某一值。我们将后者称为Z值，Z值的集合就是朱莉亚集合。这是以法国数学家加斯顿·朱利亚（Gaston Julia）的名字命名的。

欧洲最棒的麦田圈

1996年7月，一位飞行员载着一位游客飞过威尔特郡麦田上空，随意欣赏下面的风景，此时正是旅游旺季，已经泛黄的麦田整洁而完整。15分钟后，他们往回飞，突然发现麦田中出现了一个巨大的螺旋图案，而图案旁边则是英国大名鼎鼎的巨石阵。这是截至当时人们看到过的最复杂的麦田圈，由149个圆组成，占地面积极广，可谓"庞然大物"。当时麦田附近到处都是游客，但没有一个人看到这个神奇的麦田圈是如何形成的。据飞行员与那位游客说，他们从麦田上空往返飞行只用了15分钟，去时麦田圈并不存在，回来时便出现了，这意味着这个复杂无比的麦田圈只用了至多15分钟就完成了。

尽管这个麦田圈是大白天在众目睽睽的旅游区——巨石圈古迹附近

出现的，但是主流科学家还是怀疑是人在幕后搞的鬼，于是派出11人的研究小组前去检视这个麦田圈，结果花了整整5个小时也没有得到是人造的确凿证据。据看守石柱圈的警卫们推测，这个麦田圈最多是在15分钟的时间段中出现的，附近的众多游人和警卫没有任何人发现异常情况。

不忍亵渎的艺术品

1996年7月下旬，两个麦田圈研究人员花了一整天时间辛苦测量，采取土样和搜集植物，很晚才回到基地——幽静的波西山谷里。太阳渐渐滑落到环绕峡谷的丘陵后方，他们正要坐下来享受啤酒，突然有一名飞行员跑过来，说他刚刚在空中看到了新的麦田圈，就在古老的温德米尔丘陵那边。"你们还记得'朱莉亚集合'嘛？"这位年轻人兴奋地说，"新麦田圈是它的3倍大！"

两个研究人员既惊喜又振奋，立刻沿着乡间小道赶往新的麦田圈。然而，夜色已经像黑幕一样笼罩在整个丘陵地带，所以他们最后还是无功而返。凌晨4点，闹钟响起，两人立刻驱车开了15千米的路，赶到温德米尔丘陵。他们认为，如果新麦田圈真像飞行员暗示得那么重要，最好在世人接触它之前就搜集好证据。而据他们所知，两天前有一群人在同一地点亲眼目睹了发着强光的物体在空中盘旋。

浓雾迟迟不肯散去，遮蔽了阳光，让英格兰乡间弥漫着永恒的神秘感。看来这个麦田圈似乎不想轻易泄露它的位置。但他们感觉到了它的存在，穿越一座座小丘陵，经过一望无际的弧形天地，眼前赫然出现的景象简直是难以用笔墨形容：麦田里布满了圆圈！大大小小的圆圈从中央分成3个弧臂，整个图案看起来就像3个朱莉亚集合分形组合在一起。他们真不晓得要怎么在麦田圈里走路，因为旋涡非常紧密，图案完美无缺，每个圆圈的底面图样更是彼此不同,把脚踏在这么一件艺术品上简直是亵渎。他们迫不及待地想检查整个麦田圈,但也非常想让它保持原样,最后想了一个折中的办法,就是把沾满泥巴的鞋子脱掉。

农作物没有受损迹象,弯折部位都在底端,但都只是轻触地面,上面没有泥巴也没有脚印。麦田圈里的土壤摸起来比外面干,两人携带指南针的指针像醉汉一样左右摇晃,显示受到了磁场干扰。在这个"三重朱莉亚集合"图案中分布着196个圆,圆和圆分隔的地方只有一根麦子直立着。整个图形从一端走到另一端是300米距离。面对这么庞大而精美的图案,"人造理论"是多么的不堪一击。无论是创意还是规模,真的麦田圈都远远超越于所有人为的徒劳抄袭!

时间领主的信物

据称,神圣几何、分形理论、朱莉亚集合是宇宙之镜,是时间领主的信物,超越时间限制,从中可以窥见时间倒流的奥秘。这个"三重朱莉亚集合"麦田圈里也许就隐藏着时间倒流的秘密。那么,时间真的可以倒流吗?众所周知,空间由长、宽、高三个维度组成,当我们日常运动时,不论是行走、跑动或者上楼梯、坐车等,我们在三维空间中的坐标也在随时进行着改变。天体物理学家表示,时间与空间结合在一起形成四维时空,当一个具有质量的物体,例如人、物体或是恒星出现在这个时空中时,就会形成时空弯曲,以容纳该质量。如何利用时空弯曲进行时空旅行,成为一个经久不衰的物理研究课题。

正如《星际穿越》演绎的那样,目前能够被广泛接受,且相对成熟的理论被称做"虫洞理论"——虫洞是一种假想的连接两个时空区域的通道,被连接的两端可以是两个不同宇宙或是同一宇宙的两个部分。从理论上而言，物体可以经由虫洞旅行，而方向则既可以是未来，也可以通向过去，因而通过虫洞在理论上可以实现时间倒流。然而，这样一次时光旅行所需要的能量是巨大的，甚至需要仅存于理论中的"负能量"，因为要形成虫洞至少需要一整颗行星坍塌的总能量。

除了广为人知的"虫洞"外，另一种通过巨大能量进行时空穿梭的理论也同样存在，那就是著名的"宇宙弦理论"。该理论认为，早期宇宙残留下一个狭窄的能量管道，延伸整个宇宙的长度。这一区域拥有超大质量的物质，可以使周围的时空发生扭曲。而理论上宇宙弦是无限长的或是闭合的，正如磁铁那样，如果将两根宇宙弦靠在一起，其所蕴含的能量将使得时空产生巨大扭曲，通过这种方式或可以实现时光倒流。然而，以上两种理论都要求巨大的能量转化，这样的能量在目前是人类远远不能掌控的，因而它们仍处于理论阶段。事实上，时间倒流问题在人类物理学史上属于世界级难题。对于今天科学技术还处于早期发展阶段的人类来说，要想真正彻底地将"时间倒流"所带来的疑问解释清楚是很困难的。但是，人类现在不能解决的问题并不代表着它永远不能被解决！人类所不能证实的事物并不代表着它就一定不存在！人类现代科学技术是飞速发展的，相信总有那么一天，很多的科学难题、世界之谜都将大白于天下。

NO.5 | 众说纷纭 |

来自四面八方的议论

麦田圈，主流科学界的"眼中钉"

为什么？为什么会有麦田怪圈？

是什么？麦田怪圈究竟表达怎样的含义？

怎么做？如何制造麦田怪圈？如何利用麦田怪圈？

主流就是海纳百川

科学其实是一种开放的精神，一种严肃的态度，即尊重事实和逻辑。科学家的交流基于全面的科学证据与科学逻辑，不搞人身攻击，不探究对方的立场与动机，不选择性地呈现符合自己立场的证据驳倒对方，全面、公正、客观、冷静、理智地看待以及处理事情，然后在此基础上力求达成共识或求同存异。

所谓主流科学界其实只是一个流行说法，它的意思只是对某个事件的证据和逻辑得到了科学界多数人的认可，而反对者所提供的证据与逻辑缺乏说服力，不足以对多数人认可的结论构成挑战。

但这并不意味着主流科学界的看法必然正确，仅仅是最符合目前的科学证据而已。如果有另外的反对证据，而且得到多数人的承认，那么在尊重事实与逻辑的基础上，科学界的人就会改变自己的认识，然后使新观点成为"新的科学界主流看法"。一言以蔽之，科学界主流就是"兼容并蓄，海纳百川"。

炼金术的副作用——万有引力

欧洲在公元前4世纪左右建立了一套自然科学哲学体系，鼎鼎有名的"元素论"也在此期间正式确立，即世间万物由气、水、土、火四种元素组成。在宇宙起源论里，圆内嵌正方形不但代表宇宙之度量（或称创造者），也代表物理运动和数学结构，正方形的四个角则分别代表气、水、土、火四种物质元素。元素论为著名的欧洲炼金术物质转化理论提供了依据，可以说炼金术的主要思想就来源于这一时代，而炼金术正是欧洲近代化学产生和发展的基础，而且直到19世纪之前，炼金术也未被科学证据所否定。

炼金术曾存在于美索不达米亚、古埃及、波斯、印度、中国、日本、韩国、古希腊和罗马，以及很多穆斯林国家，在广阔而复杂的网络之下跨越了至少2500年，影响了世界上无数伟大的哲学家以及科学家，这其中就包括牛顿。

艾萨克·牛顿的大名可以说人尽皆知。如果将他作为典型的科学家的代表，相信无人能表示异议。但很多人可能并不知道，牛顿不但是一个伟大的科学家，同时还是一个虔诚的教徒，一生对神秘学孜孜不倦，除了万有引力与数学公式之外，他还有一句名言："我的一生，就是在为证明上帝的存在而工作。"此外，他还是一名相当称职的炼金术士。

牛顿幼年便对亚里士多德的元素论十分感兴趣，而亚里士多德的元素论正是炼金术的基础理论之一，所以他接触炼金术其实比接触科学还要早。牛顿进入剑桥学习遇到的第一位导师就是一名炼金术士，他的

艾萨克·牛顿爵士

名字叫做亨利·莫尔。牛顿遗留下来的手稿表明，他曾深深痴迷于炼金术，逐字逐句誊写和翻译了许多炼金术著作，同时还编辑了一份大约包含7000个名词的炼金术词汇表。

牛顿参照瓦伦丁《锑之凯旋车》中的方法进行过大量的炼金术实验，成功制造出一种被称为"星锑"的美丽晶体。在炼金过程中，他仔细观察坩埚中物质的运动，认为天体之所以具有引力这一奇妙的性质，正是因为宇宙身处于上帝的巨大而奇妙的坩埚之中，炼金术就是推动世界运行的本源动力。牛顿在这样想的时候，肯定不会知道，这个念头将会对人类世界造成多大的影响。可以这样说，正是在炼金术研究中，牛顿才想到了引力作用。换言之，如果没有炼金术，就没有今天的万有引力，甚至可以说牛顿的伟大科学成就只是他炼金术的副产品而已。

科学界主流结论就是没有结论

在此大谈牛顿以及万有引力的发现过程，想要表明的只是：很多科学发明都是曲径通幽，柳暗花明。也许麦田圈现象就好比17世纪的炼金术，充满神秘色彩，引起无数人的好奇与兴趣；还如同一个饱含宇宙信息的母蛋，蕴含无尽的智慧，甚至吸引了世界顶级科学家以及主流科学界的关注。

尽管如此，就目前来说，科学界对麦田圈现象的主流看法还是比较理性和客观的，他们相信宇宙中的物质与地球上的物质遵循相同的科学规律；自然界中不存在违犯自然规律的神秘力量；宇宙万物的产生、发展和灭亡都是有其因果关系的，没有无原之果，亦即遵循因果律。科学家在着手研究某种神秘现象时会有一套科学的方法论。首先，他们会对自然界中的神秘现象进行确认、严格考证，看它是否属实，若属实则一般都试图用现有的科学理论来解释它，若现有科学理论不能很好地解释，则对现有的科学理论进行某些修正，或者试图构造出新的科学理论来解释它，若这样还是解释不通的话，则会暂时搁置，但始终坚信将来必然能够通过科学理论解释。

比如，科学界认为某些人所声称看到的飞碟、外星人或与外星人接触都是没有科学根据的，经不起科学检验的，虽然现代科学认为有可能存在地外智能生命，但是科学家至今没有发现地球之外的宇宙中存在生命，更没有发现所谓的"外星人"光顾地球的确凿证据。所以，至今为止，关于麦田圈现象，科学界并没有一个所谓主流的、统一的、权威的结论。或者，他们也会为此感到郁闷，并将之视为"眼中钉"吧。

色雷斯女神派与恶作剧胡克派之争

自从英国出现第一批麦田怪圈以来，世界各地的麦田怪圈似乎越来越多了。除了英格兰，麦田怪圈出现最多的国家应属捷克、荷兰、德国，美国和加拿大每年也会出现数量众多的麦田怪圈，甚至中国和日本也有。现在，全世界每年出现200多个麦田怪圈，图案也各有不同。英国威尔特郡以麦田圈著称，每年一到麦子快要成熟的季节，一个隐藏在麦田中的秘密就浮出水面，各种神秘的图案就会出现在麦田，其图案也已不再局限于严格意义上的圆圈，蜜蜂、水母、蜘蛛、长方形等复杂图案都曾出现过，甚至还有三维立体图形。

麦田圈现象不断出现，对其感兴趣的人越来越多，对其成因的争论也非常热烈。这些麦田圈迷大体上可以分为两个阵营或者派别——色雷斯女神派与恶作剧胡克派。前者认为麦田圈是一种异常的神秘现象，是外星人带给人类的信息。而后者拒绝一切超验的、非理性的解释，认为这现象纯粹是人为的结果。

恶作剧胡克斯派的胜利

1991年，恶作剧胡克斯派的观点似乎得到了有力支撑：这些复杂的几何图案，可能最初就是由英格兰的两位退休工人道格·鲍尔和戴夫·乔利共同制作的，后来的麦田怪圈潮流也可能是他们引发的。人们称呼他们为道格和戴夫。这两位"搞怪者"的故事是从1978年开始的，当时，道格从澳大利亚旅行归来，建议戴夫与他一起创作麦田怪圈，目标是在麦地里制造出一个UFO降落点，就像一篇报道里写的那样，在澳大利亚昆士兰曾出现一个疑似UFO起飞后留下的怪圈图案。

他们沿着拖拉机的印迹，用一根弯成"L"形的钢条，在短短40分钟内创作了一个直径约9米的麦田怪圈，完成了他们的"处女作"。之后，他们的技术愈发完善，但使用的工具依旧非常简单。他们宣称用这种方法已经制造了约200个麦田怪圈，但是他们的话却不太能令人信服，因为所谓的技术在摄影机的镜头前显得漏洞百出。他们绘制的图案形状扭曲，轮廓模糊，麦秆倒伏很随意，有些甚至被折断了。

还有一件事情也对恶作剧胡克斯派有利。这是关于威尔特郡奥利弗城堡的一段视频，它似乎要说明当时并不被人们了解的光球才是麦田怪圈形成的原因。这段由约翰·维莱特拍摄于1996年8月11日凌晨的视频，长24秒，从上面可以看到两个光球盘旋在麦地上空，随后一个由7个圆圈组成的六边形麦田怪圈很快便形成了，形状看起来就像一片雪花。这段视频引起了研究者的广泛兴趣，但同时疑问也出现了。

一位私家侦探发现，维莱特所用的手机号码实际上属于一位名叫约翰·韦伯的人，而此人在英国布里斯托尔拥有一家名为"Firstcult"的电影公司。与此同时，两位电脑和视频技术专家对于这段视频的拍摄手法也产生了质疑，他们不明白为什么摄像机镜头没有随着光球的位置而移动，而一直被固定在之后出现麦田怪圈的农田上。此外，阳光下物体的投影方向似乎也有问题。进退维谷之际，韦伯在一次电话采访中承认自己参与了短片的拍摄，但没有再具体说明。至此，这一事件似乎要作为一场骗局收场了。

色雷斯女神派的上风

但是后来这件事情经过继续发酵后急转直下，胜利的天秤向色雷斯女神派倾斜了。电脑专家古姆·蒂雷托索曾是美国国家航天局的工作人员，他在仔细研究影像后认为，没有任何迹象表明这段视频是伪造或是用数字技术合成的，它是用手提摄像机拍摄的，如果加入数字成分会很容易被发现。对于这一点，其他专家也表示认同，所以直到现在，这个问题仍然悬而未决。这虽然没有直接证明外星人或超自然能力的存在，但等于在事实上反驳了恶作剧派的人造观点，显然是对色雷斯女神派的一种支持。

双方继续唇枪舌战。恶作剧派表示：至少有许多是人造的！女神派发言：至少还有许多非人造的！英国科学家安德鲁研究麦田圈长达17年，他通过实地观测，甚至雇私人侦探调查，结果发现至少80%的麦田怪圈是人为制造的。很多情况下，一些造假者在他们的脚底套上平板，在农田上故意踩出怪圈。

女神派反驳：问题在于，在所谓"人为恶搞的麦田圈"中，庄稼秸秆总是被折弯或残留有折痕。而外星起源的麦田圈中的庄稼秸秆的生长具有倾斜性变化趋向。这些秸秆没有被折断，真麦田圈在自然形成时，麦粒不会从麦穗中散落到地上，给人的印象是，植物的幼芽还能继续生长。真麦田圈包含的元素是造假者无论如何也无法复制和模仿的，只能是外星人或者超自然力量造成的！

但这究竟是怎么回事，现在还不能说有了确切的答案。看来，色雷斯女神派与恶作剧胡克斯派的论战还要长久进行下去！

两派名称的来历

1863年，一座精美的胜利女神像在爱琴海西北边的小岛萨摩色雷斯出土，因此人们在谈到胜利女神时，常常冠上小岛的名称，称之为色雷斯胜利女神。在罗马传说中，胜利女神还代表着祭祀与丰收，是她教会了人们如何种植农作物。胜利女神尼姬（Nike）的罗马名字叫维多利亚（Victoria）。她长着一对翅膀，身材健美，像从天徜徉而下，衣袂飘然。她所到之处胜利也紧跟着到来。她还是宙斯和雅典娜的从神，在提坦战争中倒戈向奥林帕斯并助其获胜。

恶作剧胡克斯派中的"胡克斯"是英文hoax的音译，意谓"欺骗与戏弄"。

《天兆》，从麦田到大银幕

世界之大，容得下五湖四海，更能让几千万的物种同时生存。但即使同住一个地方，也难以对其他物种做到全面了解，更加不知道还有什么神秘的生命与我们同在，真相可能直至危机来临的时候才能知道——这便是电影《天兆》（亦称"灵异象限"）所蕴含的背景思想。《天兆》所说的"兆"指的就是麦田怪圈。而整套电影亦根据这个世界之谜改编而成，故事中涉及大量的神秘麦田圈，而麦田图案的启示也是全套电影中的关键。到底不断出现的麦田图案在暗示着什么呢？在电影播放期间，观众心里必定问着这一个问题，答案当然在故事的结尾表达出来。

电影《天兆》的编导以及演员

以麦田怪圈为大背景的电影《天兆》演出阵容非常强大。在《我们曾是战士》中演罢超级越战英雄的梅尔·吉布森，很快又被安排出演了另一份身价2500万美元的工作，那就是《天兆》。

电影《天兆》海报

用"明星"或者"巨星"这类的词语，已经不足以修饰这位在好莱坞演艺、动作、导演、制作等各个方面均春风得意的46岁美国梦成功典范了。依靠《致命武器》发家，凭借制+导+演《勇敢的心》，并在2000年以《爱国者》迈进2500万美元酬劳的门槛，进入超级明星俱乐部的梅尔·吉布森看来已经是人神共羡。

影片原本还邀请出演《风语者》、人称"小马龙白兰度"的马克·鲁法罗出演第一男配角——吉布森的弟弟，不幸的是马克·鲁法罗必须去接受耳科手术取出内耳的囊肿，错过了出演的机会。最后制作公司转而邀请曾获奥斯卡男配角提名、最擅长饰演反派角色（据说他完全就是在演绎个性古怪的自己，所以才会如此真实）、在《角斗士》中饰演凶残王子的乔奎因·菲尼克斯，希望在《角斗士》之后一直无甚建树的他会在《天兆》中有机会展现出内心更丰富的艺术气质。

显而易见，依照奈特·沙马兰的风格，这部影片同样不会为"麦田圈"现象提供一个简单的答案。依照惯例，他的影片会一步一步地摆出各种悬念和猜测，并且就让观众们操碎了心、自以为想到了一切事件的兆因的时候，这位神奇的导演依旧能够给出一个完全意料之外甚至更加神秘的回应作为影片的结尾。奈特·沙马兰的才华在于，他能够恰到好处地把握住人们的好奇心，如同神秘的魔术一般牢牢抓住所有人的注意力。并且，即使是最自认为理性的观众，在他的影片中，也只有毫无抵抗能力地迎来一堆叹号和问号的组合。喜欢接受这两种符号的折磨的人，就不能不体验一下这部神秘的《天兆》。

看完电影《天兆》的观众可能会发现，电影的主题原来并不是人类跟天外来客的冲突，而是主角对做人原则的反思，并由此提出同样的问题：你要做一个怎么样的人？

故事梗概

平静的田园生活，听起来似乎是个不错的现代都市人童话，但对于居住在美国宾西法尼亚州乡间的格雷汉姆·海斯一家来说，却是心惊肉跳的开始。某天早晨，格雷汉姆·海斯刚刚醒来便被孩子的惊叫声带到了玉米地的中央。在这里，原本一人多高的玉米田，已经被一股不知名的力量压倒在田垄上。从高空中鸟瞰，还整整齐齐地呈现出一串串紧紧连结在一起的庞大环状神秘图案。这足有500英尺宽的神秘麦田圈，到底是有人恶意制造的恶作剧，还是乘坐UFO的外星人降临的痕迹，或者是某种灵异事件的结果？

对一名平凡的农夫来说，格雷汉姆·海斯的生活面临着比谷物市场价格暴跌更加沉重的噩梦。很快，全国的媒体、记者和观众都把焦点以风一般的速度转移到了这个美国南部的小镇，集中到了巴克斯郡的海斯一家。好消息是，这些匪夷所思的符号，不再是格雷汉姆·海斯一个人的问题；而坏消息是，格雷汉姆·海斯所面临的问题，也不仅仅是符号本身的神秘性。有一类人认为，天下万物事出有因，人类不是孤立的，这些就是有信念的人；另一类人相信，我们的生活中充满着异数和偶然，我们的命运谁也掌握不了，也就是对超自然的存在、对自己都没有信念。

影片的主人公原先属于第一类，丧妻后变成第二类，如今"上天通过麦田怪圈显灵"，迫使他正视自己的道德危机，从无序的人生中探索出各种"图形"和意义。片名中的"征兆"可以指玉米田里的图案，也可指其他暗示性的细节，如风声、狗叫、主角的女儿害怕喝水、披萨店门外那个神经兮兮的人等。沙马兰的功力在于制造希区柯克式的气氛及斯皮尔伯格式的心理把握，他营造悬念时，采取步步为营的方式，步调舒缓，但十分稳重。他镜头下的恐怖效果不靠实物，而更多借助于镜头的调度和精心的构图，麦田怪圈现象在他的导演下越发充满神秘以及警示意味。

神秘大门：量子与平行世界

关于麦田怪圈有很多不同的猜想，有人说这是外星人遗留下来的，有人说这是自然现象。但是麦田怪圈本身包含着什么样的信息，也许我们换个角度去看，就可以得到答案。有学者称，麦田怪圈其实在告诉人们关于平行世界的秘密，同时也是一扇通往另一个宇宙的神秘大门。真的有这么神奇吗？而平行世界又意味着什么呢？

还有一个"我"

在宇宙之外的一个宇宙中，有一个星系与银河系具有非常显著的相似之处，在这个星系的一条旋臂上，存在着一个恒星系统，这个系统中只有一颗恒星，这颗恒星与我们的太阳非常相似。再将镜头放大，在这颗恒星周围存在着八大行星，其中第三颗行星与我们的地球非常相似，这颗行星上同样存在着高等直立智慧生物，其中有一个生物和您非常相似，过着同样的生活，更重要的是，此时此刻，他与您一样，也正在阅读这篇文章。

感到极其不可思议吧？而事实上，根据平行宇宙理论，在某个宇宙中，就存在着无数个星系，几乎和我们的宇宙一模一样，看上去就像是我们自己一样，在那个宇宙中，也存在着你和你的亲人，还有同样的生活方式，但是有一点必须说明：虽然在两个宇宙中你们是非常非常的相似，几乎相似到画上等号，但这种相似度只能用来描述过去发生的事件，也就是说，直到这一刻，你们可以说是绝对相同的。

这些平行世界的存在，并非无聊的炒作，而是有着现代宇宙理论的科学根据，比如泡沫宇宙理论、量子力学的多世界解释以及埃弗雷特多世界理论，都假设或者演绎了平行世界的存在。所有的这些理论推演都需要基于一些基本的解释。当我们的宇宙诞生于137亿年前的时候，开始不断地加速膨胀，在宇宙中第一缕光线发出之后，就在宇宙空间中传播开来，而宇宙最深处的光线还未到达地球。目前我们探测到最深的宇宙空间仅仅是在130亿光年左右，也就是在宇宙诞生后的7亿年左右，而在这7亿年内发生的事件，还没有直接的观测数据。这些来自宇宙遥远空间的光线还未到达地球上，使之超出了我们的对宇宙观测的视野。

泡沫宇宙

科学家通过宇宙大爆炸遗留下来的辐射证实，宇宙曾经历过瞬间高速扩张阶段，科学家为此建立了一个"暴涨宇宙"模型。通过这个模型推演，科学家发现宇宙在远小于1秒的时间内就将其体积瞬间扩大。这个膨胀速率大小对人类来说十分重要，因为它只要稍微改变一点儿，那我们的宇宙就不会是现在这样，人类也不可能会存在，起码不会以如今的方式存在。如今人们观测到的宇宙空间，其实很像一个泡沫，而这种泡沫并非一个，而是无数个，也就是说，宇宙之外还有宇宙，宇宙是无数的。

既然有无数宇宙，就肯定存在差异，共同的是每个宇宙都经历了一次大爆炸，它们都是在大爆炸中诞生，并且存在着相同的物理定律。但这并不是说所有的宇宙都能在大爆炸中"存活"，甚至只要将大爆炸的"原始参数"进行哪怕是非常细微的调整，各种宇宙就会发生难以预料的变化。假设将我们这个宇宙的膨胀速率调低一点儿或者升高一点儿，那么在这个初始条件下，我们的宇宙就不可能演化至今。换言之，如果没有本来的精确膨胀速率，我们这个宇宙若不是无限膨胀下去，便是坍缩成了黑洞，或者完全消失。所以，"恰到好处"是重中之重，不能有一点儿的偏差，否则，轻则不会演化出星系和恒星，重则化为虚无。

尽管宇宙无数，但要找到两个完全相似的宇宙几乎是不可能的，但通过量子力学，人们会发现宇宙非常神奇，甚至超越想象。

无数个泡沫宇宙中，每个泡沫形成的初始条件都存在着细微的差别，若不设定上限，可以无限类推的话，人们最终会发现有一个泡沫宇宙和我们非常相似。当然，这种事件是属于概率学上的存在，就像是给一只猴子一个键盘以及无限的时间，它总有一天能拼出一本莎士比亚全集一样。

同样道理，既然存在着无数个宇宙，那人类历史也将存在无数不同的版本，由此可以想象，无数的泡沫宇宙中，会存在无数文明，并存在无数版本的过去和未来。但也可能会有这种情况：在某个泡沫宇宙中，他们那个世界绝大部分与我们相同，但只有一个人所共知的历史事件在他们那里不存在。

如何寻找另一个自己

概率数字上的泡沫宇宙是存在的，但人们如何才能找到它呢？美国麻省理工的宇宙学家马克斯通过计算得出一种直观方法：你可以从地球出发，随意往宇宙的任一方向前进，当你走得足够远时，总会遇到一个这样的宇宙——你不但熟悉这个宇宙中的任何细节，而且还会遇到一个人，而这个人和你一模一样。

但是计算结果却不容乐观，因为你若去寻找这个宇宙的话，将要走过的距离是$10^{10^{28}}$米，这似乎比在地球上走个亲戚串个门远了点，但毕竟有了一个确切的数字，在理论上还是可行的。但科学家还有一个不好的消息要告诉你：在你踏上这个旅程的第一秒，就有更多的宇宙出现，这意味着你每踏出一步，都伴随着无数泡沫宇宙产生，而这些宇宙的扩展速度无论怎样都比你走得快，也就是说，即使你有足够的勇气、耐心和寿命，也不可能看到另一个宇宙中的"你"。

简直令人绝望！但有个办法可以规避这个古怪的结论，那就是人类目前的量子理论以及标准宇宙模型是错误的，那你倒真的可能遇到另一个宇宙中的"你"。美国马萨诸塞州梅德福塔夫茨大学的宇宙学家亚历山大研究这个"无数"问题超过25年，他对无数版本的历史、将来，无数个你和我，无数个泡沫宇宙中这种命题并未感到丝毫愉快，但根据目前的研究进展，他认为这很可能是真实存在的。

目前，关于多宇宙、平行世界理论的探讨极具争议性，因为这是宇宙学中最基本的矛盾之一。关于"多宇宙"的理论还有其他论述，弦理论就认为宇宙中的基本粒子都由线形线条的弦构成，而弦有不同的振动态，每种不同的状态都表征出不同的粒子，不同的振动能量则对应着不同粒子的能量。如此一来，由于弦具有不同的振动和能量，在我们的宇宙中就有了电子、夸克等粒子形态。

宇宙常数的精确性告诉我们，在其他宇宙中存在着不同的物理定律。而按照量子力学对多世界理论的解释，所有的过去和未来都可能存在无数不同的版本，包括你自己在内，都将在某个宇宙中以一种不同的方式存在，比如你此时是一个编辑或者记者，那么在另外某个宇宙中，你可能是一个螳螂拳高手。

麦田圈包罗万象，蕴含着宇宙密码或者多世界理论不足为奇，重要的是我们如何看待以及解释它。多世界或者平行世界是一个新兴的宇宙学理论，人类目前尚无足够的经验与知识将这些版本进行统一。在事实被最终证实前，平行世界以及麦田怪圈将如影随形般伴随着我们前行。

5

难以臻于完美的人造麦田怪圈

关于麦田圈的形成原因有多种解释：磁场、旋风、光子辐射能量、外星人等。当然，还少不了人为制造。对于神秘现象持有绝对否定态度的无神论者，总是试图寻找或制造各种证据来证实自己的观点，甚至通过行动制造出一个又一个麦田圈。20世纪90年代，这些麦田圈成为吸引旅游者的最大亮点。这个时候，在欧洲又新出现500多个麦田圈。来自世界各地的旅游者纷纷来到出现麦田圈的地方，想一饱眼福亲眼见识一下大自然的神功奇能。有些农场主甚至把麦田圈围起来向前来参观者出售门票。然而，有些投机商受利益驱动，人为弄出一些粗制乱造的假麦田圈来骗人。

1987年，在一块麦田里，人们惊异地发现一个"密码信函"麦田圈，密码含义为："我们并非孤子。"但有人立刻发现，假如这封麦田圈密码"信函"是外星人留下的，那么他们肯定会写："你们并非孤子。"人类逻辑学轻易地识破了这个麦田圈。

英国威尔特郡曾有一个农场主同意让造假者们在他的麦田里制作麦田圈，可是，当这些假麦田圈完成后，农场主惊异地发现，原先在麦田里筑巢的鸟全部被吓跑了。但在原先筑有鸟巢的真麦田圈中，那些鸟儿对出现麦田圈与否根本不理会。当农场主来到假麦田圈中时，又一次震惊了，现场的一切一目了然：那些"艺术家们"把地里的麦子放倒了，麦粒从麦穗里散落到地上到处都是。这下可好，当地的鸟类一见就乐了，可以大餐一顿了！

难以模仿的真麦田圈

真正的麦田圈极少重复，花样更是日新月异，它们的大小也总是千差万别——直径从一米多到几十米不等。1990年，麦田圈在形状的变化上发生了"飞跃"——在世界几个地方同时出现带有分支结构的、体系庞大的麦田圈，它们被称做"图画文字"或"象形图案"。从那以后，这些麦田圈象形图案变得越来越复杂，离原先的简单几何图形越来越远。

倒伏的麦穗构成微笑的脸庞、花朵，甚至麦田圈经常表述出许多古代神话的情节。随着时间的推移，开始出现以数学、物理学等为基础的麦田圈。美国天文学家、波士顿大学教授盖·霍金斯发现，无论是圆形还是三角形等几何图形，在麦田圈中的分布均符合数学计算结果。例如，在兼有内圆和外圆的麦田圈中，内圆的面积是外圆面积的4倍。这一点证明，无论这些麦田圈是谁创造出来的，它们的创造者非常熟知欧几里德定律。

真麦田圈包含的元素是造假者无论如何也无法复制和模仿的，其中的重要元素就是麦田圈中的植物秸秆不存在被折断的现象。造假者在制作假麦田圈时，通常使用各种笨重工具，因此将植物折断的事情很难避免。而最具特点的区别在于，真麦田圈在自然形成时，麦粒不会从麦穗中散落到地上，给人的印象是植物的幼芽还能继续生长。

真麦田圈还有一个特点就是，麦田圈内的红外辐射强度很高。而且，在其形成时，神秘的力量会利用极复杂的欧几里德几何图形来改变磁结构，指南针因此而不能确定南、北的方向在哪儿；摄像机、手机和电池也不能工作；飞经麦田圈上空的飞机上的仪表还会出现假数值显示。但磁结构发生变化的原因也很可能不在这里，这里的"罪魁祸首"仍然是存在不明的物理场或辐射以及特异带。同正常的背景辐射比对，"盖革"记录仪会显示高达3倍的辐射值；农场周围的动物对此很敏感，甚至在麦田圈出现之前就远离即将出现麦田圈的地方；在出现麦田圈地方的周边农村会经常发生汽车蓄电瓶完全放电现象；有时全镇停电。

真麦田圈还喜欢沿动力线在其下方排列成一行，因而能对当地的动力线产生影响。这些麦田圈还经常模仿当地霓虹灯独特的大小尺寸、形状和方向。它们还借助柳树进行"扫描"，其中包括20多层同心圆麦田圈。

21世纪超级商务

那些爱开星际玩笑的麦田圈伪造者们，在当地的麦田里制作出"外星怪圈"，此恶作剧被曝光后，他们转眼成了走红的人物。他们用实践

麦田怪圈的各种形状

证明了自己是效仿外星人"麦田圈"的天才艺术家。他们正在继续扩展自己的业务，甚至靠这一行发了大财。这些麦田圈的"新艺术家"小组成员罗德·杰克逊、威尔·拉舍尔和仲·仑德拜格已得到来自全世界各地的订单。在他们的客户中，有计算机芯片、汽车和数字技术制造商。麦田圈的制作者并没有宣布他们产品的造价，但目前已知，每一个麦田圈的造价估计为数十万美元。

我们承认，在时间、工具、人力条件具备的前提下，制造一个麦田圈是完全可行的，但无论如何，人造麦田圈与真正的麦田圈还是有本质区别，人们也很容易发现人造麦田圈的破绽。因为他们无论如何精心打造、模仿，都不能让这种人造麦田圈达到可以与真正的麦田圈媲美的程度。

关于 π 的猜想

2008年6月1日，在英国又出现了一个直径150米宽的巨大圆形麦田圈。许多号称超自然研究的专家绞尽脑汁也分析不出这到底能有什么含义。这个堪称英国最复杂的麦田怪圈是于6月初在巴伯里城堡附近的麦田中形成的。巴伯里城堡位于英国威尔特郡劳顿一个铁器时代的山丘堡垒。当麦田怪圈狂热者和专家们试图破解这个麦田怪圈却全部无功而返时，天体物理学家迈克·里德表示，这个直径150米的麦田怪圈外形其实是圆周率π的编码形式。π值3. 141592654可被用于计算一个圆圈的面积和周长。

圆周率小数点后 10 位数的编码图片

根据里德博士的研究发现，这个麦田怪圈显然代表圆周率——圆圈的周长和直径之比——小数点后10位数的编码图片。第10个数字甚至于被适当地舍掉。中心附近的小圆点其实就是圆周率的小数点。密码是根据10个成角片断编成的，而放射状扩散则代表每个片断。从中心开始，计算每组色块数目，结果清晰地显示出圆周率小数点后10位数的值。

数学代码和几何图形长久以来便是麦田怪圈形成的重要因素——有史以来发现的最著名的麦田怪圈之一朱莉亚集合便展现了高度复杂的不规

则碎片形。由此推测，巴伯里城堡麦田怪圈的创造者应该是专业天文学家和数学家。

但是，"圆周率麦田圈"就这样解读完了吗？如果一个麦田圈只是通过严谨的几何构图来解决数字上的问题，那很多坚持麦田圈人造论的人此时就会站出来大喊："我也会用直尺和圆规画一个圈，我也可以做一个几何图形来表达 π。"且慢！这个麦田圈含有圆周率编码只是表层的意思，更深的内涵还需要慢慢发掘。

埃及胡夫金字塔的奥秘

"圆周率麦田圈"还隐藏了一个秘密，那就是古埃及胡夫金字塔的奥秘。

胡夫金字塔数据：

高度146.59米（480.9英尺）；

底边长230.37米（755.8英尺）；

周长921.48米（3023.2英尺）；

体积235.2万立方米；

斜率51°50'40"。

胡夫金字塔与圆周率的关系：

胡夫金字塔的塔高与塔基周长的比就是地球半径与周长之比，这证明了古埃及人已经知道地球是圆形的，还知道地球半径与周长之比。胡夫金字塔底边的2倍除以塔高，即可求得圆周率。460.74÷146.59=3.14。胡夫金字塔的塔高乘以10亿就等于地球与太阳之间的距离。胡夫金字塔高度和周长之间的比率，恰好等于一个圆圈的半径和圆周之间的比率，即2π（两倍的圆周率）。

胡夫金字塔呈现的是地球的北半球，金字塔的顶峰代表北极，底部的四边象征赤道。大金字塔是依照1∶43200的比例呈现北半球，让塔高481.3949英尺乘以43200就得到3938.685英里，这数值比目前最精确的地心到南或北极半径只小了11英里。同样，如果把塔底边周长3023.16英尺乘以43200，就得到24734.94英里，这比地球绕赤道的周长24902英里小了170英里，只是0.75%的误差。如果我们将这座金字塔的高度乘以2π（如同我们根据一个圆圈的半径计算它的圆周），我们就能够精确算出金字塔的周长：481.3949×2×3.14＝3023.16。相反地，如果我们将这座金字塔的周长除以2π，也同样可以算出它的高度：3023.16÷2÷3.14＝481.3949。

麦田圈—圆周率—金字塔

把圆周率、麦田圈、金字塔三者结合起来对比一下可以明显看出，这个大圆的半径被等分成了7份，如果把大圆的半径数值设置为1的话，那么7等份之后的每个小圆直径就是1/7。那么，麦田图案中正方形（金字塔底边长度画出的正方形）的单边长度就是5.5（5.5个小圆）×1/7×2。正

胡夫金字塔

方形周长就是4×5. 5×1/7×2=44/7。而大圆的周长为2π×1=2π。金字塔底边周长和大圆（塔尖到塔底为半径画出的圆）的周长是一样的。

这两个数值的近似程度：

2π（大圆周长）=44/7（金字塔底边周长）

π=22/7≈3. 142857142857143

此公式的精度是惊人的99. 96％！这充分说明麦田圈、金字塔、圆周率三者存在某种联系。人类科学的发展至今不过短短几百年，想要解释整个宇宙实在是差得太远太远，人类在求知探索的路上才刚刚起步，科学的进步还需要很久很久才可以解读那些看似神秘的古老事物。当人类的科学还没有进步到足够解释这些神秘事情之前，拥有一颗充满敬畏的心，也许很有必要。

是军事演习，还是纳粹记号

遍布英国各地的"麦田怪圈"神秘莫测，其成因至今仍是未解之谜，人们就此发挥了无穷的想象力，除了从自然科学、行为艺术、开发旅游资源、外星人造访等种种角度解释之外，近来又将其与军事挂上了钩。

激光武器的恐怖

用军事手段"画"麦田圈，首先人们要知道这种演习有什么意义，以及使用这种方法的必要性。用大飞机或者任何航空器"画"麦田圈，那可是一笔不菲的军费开支。自从20世纪60年代科学家们发明了实用激光技术之后，此项技术在世界上诸多领域都得到了程度不同的应用和发展，对其最感兴趣的当属军事科技领域。不论是在战术武器方面还是战略武器方面，激光武器发展之迅速，远远超出了地球村里广大善良百姓们的认知。

难以想象的现实是，当今的世界，不论局部性战争也好，区域性或者世界性大战也罢，已经处于大打激光战争的前夜，借用20世纪60年代的一句国际政治用语：激光武器已经武装到了牙齿。未来的世界战争是相当令人恐怖的，只要认真了解一下全球各个强国有关激光武器方面的军事发展报道，便会明白这些话绝不是危言耸听。这里有必要单提一下环绕地球运行的卫星高能激光武器，这是力图称霸世界的超级大国最为着力发展的重中之重。

有了它，可以有效杀伤或致盲地面大范围的作战部队。有了它，可以致盲地面上包括坦克、飞机、地面雷达、预警机等各类大型军事装备和设施，甚至可以直接将其摧毁。有了它，海上的各类作战舰艇、航母等会因通信系统致盲而陷于瘫痪。有了它，不论是移动型的还是地面固定型的弹道导弹发射设施，都可以在未来战争中瞬间遭到严重破坏而失去国家防御能力。不仅如此，高能激光卫星武器还有一个更重要的用途——摧毁别国通信卫星，也就是新闻报道里常常提到的"反卫星武器"。当它发挥威力的时候，将迫使敌对一方国家因通信瘫痪而陷入一片混乱之中。一句话，谁掌握了这种太空武器，谁就拿到了外太空的制空权。

寻找靶场

高能激光武器俗称激光炮。相比常规的火炮和导弹，它有很多优势，最重要的优势在于无需考虑射速问题，即指哪儿打哪儿，没有"提前量"之说。它也不会有射击后坐力，不会影响卫星运行姿态，更不需要携带大量笨重的"弹头"。只要激光能源充足，转瞬之间就可以袭击数个目标。当然，它的优势也会成为它的劣势，那就是它发射的不是"实弹"，而是高能光束，不具备常规武器那种在距目标十数米近侧就会爆炸的"近爆功能"。

因此，这就要求激光射束中心必须精确击中目标物的要害部位，并且要求光束稳驻目标物达数秒时间，以累积足够的照射能量，达到摧毁的目的。激光炮假如是架设在坦克上，瞄准射击一座地面飞行指挥塔，那应该没问题，激光束可以稳定停留需要的任意时间量。假如坦克是移动着

184

的，现代军事科技也早已解决"稳射问题"，仍可摧毁那座倒霉的指挥塔，因为这毕竟是很低的相对移动速度。如今要把激光炮安装到卫星上，那问题可就大了，卫星相对地面目标物的速度是每秒7.8公里；如果它要摧毁的是另一个轨道运行着的卫星，相对移动的速度还要更大。要使轨道运行中的卫星激光炮能够准确找到目标物，并且能够精确跟踪锁定，这当然是很超前的军事尖端科技。众所周知，研制任何新型武器，都离不开频繁的"实弹验证"和"实战验证"，专门的靶场测试和相关的军事演习都是必不可少的法定程序。

于是，如何解决卫星激光炮的测试问题，即怎样才能测试到它的"着弹精度"和"着弹目标的锁定性能"，换句话说就是卫星激光炮怎样解决"实弹射击靶子"或者说"实弹射击靶场"问题，便是新式武器研发的最后一道也是最重要的一道难关。这便为"麦田圈是军事演习的结果"提供了现实的理论依据。于是，接下来的逻辑推理就顺理成章了：激光武器没有看得见、摸得着的"实弹"，仅仅以一种不会弯曲拐弯的光束射出。战术型激光武器射程较短，可以在地球地面设置达数十公里远的"实弹射击"靶场。但是要找到一个达到百公里级的激光"实弹"射击靶场，在弧形的地球表面上是绝对找不到的。因此，武器测试的"无的放矢"，就是研制卫星激光炮存在的一个实际难题。

不是可以朝地面上打吗，这不就有的放矢了吗？这个设想是对头的，但问题是地面上什么样的场地适合当靶场？海面上当然不行，戈壁滩上也不行，它们对这种能量反应轻微、无效。唯有打到麦田上，尤其是打到秋黄待割的麦田上最为理想，不仅能检验着弹点的准确度，还可以根据图形的实际范围计算出激光炮的射击威力。至此，卫星激光炮研制大师们终于找到了梦寐以求的理想靶场，第一个图形单调的麦田圈就这样堂而皇之地诞生了。

靶场是理想的，可问题又来了，你随随便便地把大片大片麦田当做激光靶子，麦子成片成片地躺下，突如其来的灾祸从天而降，农场主们会怎么想？一般百姓们会怎么想？弄不明白的情况下，人间必然谣言四起，如魔鬼问世啦、上帝惩罚啦、外星人攻击啦、世界末日啦等。善良的百姓们将会处于异常恐怖的心里状态，而且会迅速向全世界蔓延开来，这是任何政府部门不愿见到的严重后果。当然，掌握卫星激光炮的军事部门完全可以坦诚地告诉农场主们："老兄，别害怕，这是我们的卫星激光炮在实弹演习。"这样或许会降低一些百姓们的恐怖心理，然后再被农场主们敲诈一笔可观的费用。不过，这些都在其次，而研制太空激光武器的机密将暴露无遗，这绝对不是军方愿意看到的后果。

怎么办？人们不得不佩服相关军事部门在心理学研究方面的智慧：抓住人们的好奇心理，利用激光武器的"点光束扫描照射"特性，在麦田上打出罕见而优美的奇妙图形。这一招非常成功，漂亮的麦田圈一出现，不但解除了人们的恐惧心理，还丰富了当地的旅游资源，从而带来任何人都乐见其成的经济效益，简直绝了！

纳粹发明麦田怪圈

英国从一批最新解密的军情五处（MI5）二战文件中得出惊人观点："麦田怪圈"最早是纳粹的秘密特工发明创造的，其用意是为纳粹空军的轰炸机空投炸弹或者伞兵部队降落提供记号。解密文件称，二战期间，英国南部麦田和玉米地里，开始出现大量来历不明的"地面标志"。一份名为《地面标记调查案例》的文件显示："1940年5月，飞行员发现康沃尔郡北纽奎地面曾出现奇怪标记，并拍下照片。对照片研究后发现，那些标记是由农民用石灰按规律堆放而成的。1941年5月，蒙矛舍郡地区的玉米田中，出现一个不寻常的标记，大约30米长，好像一个大写字母'G'。1943年10月，肯特郡附近，飞行员看到地面出现一个巨大的白圈。"

这些来历不明的"地面标志"，让当时正处于战争中的英国情报部门如临大敌。解密文件称，1941年当大卫·佩特里被任命为MI5主管之后，他奉命对此进行调查。据称，为了查明真相，MI5不仅暗访了多名英国各地农夫和空军官员，而且与各盟国密切合作调查。令MI5震惊的是，几乎与此同时，在欧洲各地也陆续出现了类似的神秘标志。波兰、荷兰、法国和比利时都不断报告当地发现了奇怪标记——如涂刷特别颜色的屋顶、白色烟囱，或者是将亚麻布拼出特别的图案等。最令MI5调查者震惊的是波兰盟军提供的情况。波兰曾出现过一大片直径大约20米被割倒的玉米田。

经过缜密调查之后，MI5终于得出结论：这些出现在英国和欧洲各地的所谓的"麦田怪圈"，是纳粹秘密特工的"杰作"，它们很可能是纳粹德军互相联系的方式，用来为轰炸机和伞兵部队导航。文件称："麦田怪圈中很可能隐藏着某种加密的特殊信息，而且很容易从空中观察到，而这正是纳粹将之作为联络工具的重要原因。"

8

来自神秘力量的"灾难预告"

印第安霍皮族人很清楚地球将会面临各种威胁，因此面对麦田圈时他们会哀叹"地母在哭泣，地球的血被抽走，肺部阻塞"。1990年8月4日，正是伊拉克炸毁科威特油井，通过邪恶的战争之火点燃地母血液的时候，两个麦田圈出现在世人面前，他们被称做"地母哭泣"和"护身符"。其中一个麦田圈类似美国原住民用4条海狸尾巴做成的护身符，象征死亡统摄在一个心灵之下。图样中的四条尾巴全部向内弯，仿佛在保护什么。另一个图案像一个枯萎的大地之母象征符号，看起来让人十分心痛。

天象示警

人们喜欢阅读预测将来的书的最大一个原因便是对未知的潜在忧虑与担心——不知未来是喜是悲、是福是祸，自己是否会生活美好。于是，人们对于不可知的世界往往选择占卜与预测，这在古今中外均可找到例子。从中国古代的《推背图》到诺查丹玛斯的《诸世纪》，皆拥有大批的读者，大家都想从书中的字里行间找到对未来的预测，哪怕是一点点暗示也好。但事实上，大自然才是一本真正包罗万象的书，各种神秘现象似乎更具预测的功能。日全食从前在人们心中便是十分神秘的天象。

人们在观测日全食、领悟天文科学的过程中，感悟到宇宙的奥秘以及人与自然和谐共处的重要。奇异天象带来的不仅仅是壮观景色，还有自然灾害的历史纪录。2007—2012年中国境内连续发生多次日食，其中4次是笼罩全国大部分面积的日全食或日环食。根据对近代中国境内发生日食的研究，连续数年发生大面积笼罩全国境内的日全食和日环食的事例非常罕见。这样强烈的天象信号引起人们对历史上发生日食的年份的高度关注，结果发现，日食发生前后往往伴随着天灾人祸，并且连续发生的次数越多，灾难就越大越多。日食集中发生的年代发生自然灾害、动乱和战争的概率为95%以上，历史上可比拟的时代是1849—1857年的三次日食——太平天国运动、大洪水、大地震、大蝗灾、外国入侵；1869—1875年的四次日食——大洪水、大旱灾、大瘟疫、大地震；1936—1943年的三次日食——抗日战争、大蝗灾、大饥荒；1965—1968年的三次日食——多次大地震等。

玛雅预言

2008年出现的一个麦田圈十分引人注目，因为它所传达的信息竟然与古代玛雅预言有着密切的关系。从外观上分析，麦田圈图案展示给我们的是太阳系，包括中间的太阳和九大行星，内环4个轨道的行星（图中较小的）分别代表水星、金星、地球、火星，外环4个轨道的行星（图中较大的）分别代表木星、土星、天王星、海王星，最外层轨道在线的是冥王星，图案中也准确地显示出它的位置和运行轨迹特点。

研究发现，这个麦田圈所示的九大行星位置与2012年12月21日（冬至）我们宇宙中太阳系行星位置图完全吻合。也就是说，这个麦田圈提示的信息是指明了一个具体时间，即2012年12月21日。（依照玛雅历法，地球由始到终分为5个太阳纪，分别代表5次浩劫，其中4个浩劫已经过去。当第五个太阳纪结束，太阳会消失，灾难四起。第五太阳纪开始于公元前3113年，历经玛雅大周期5125年后，就在公元2012年12月21日前后结束）

另外，值得关注的是，在7月15日发布第一个麦田圈以后，在7月23日又发布了新的麦田圈照片。很显然，这两个麦田圈是一前一后出现的，经过研究者考察没有发现明显的人造痕迹。这两个麦田圈相隔时间正好为1周，这不免引起人们对二者关系的揣测。经研究者分析，第二个麦田圈预示了一个重要的天文时间，发生在玛雅日历结束时间2012年12月21日之前的一周，即12月13日，我们的月亮将靠近一颗明亮的"彗星"。

麦田圈示警

从麦田圈图案可以看到，在左边，一颗明亮的"彗星"进入了太阳系，右边则展现了"月亮轨道"，一轮"新月"正好位于一个"彗星"旁边。图中大的圆环所代表的"月亮轨道"指示了"月亮"及此时的"月亮"位置所对应的月份——12月。"月亮轨道"底部的许多小图形则代表太阳的"双重圆环标志"，并通过一条长的曲线与另一个圆圈相连，这个圆圈中附着了"两颗小星星"。通过分析太阳在12月份的运行轨迹，人们发现这"两颗小星星"位于蛇夫座（Ophiuchus）内，太阳将在12月13日靠近它们。

蛇夫座是赤道带星座之一，从地球看位于武仙座以南，天蝎座和人马座以北，银河的西侧。它是星座中唯一一个与另一星座——巨蛇座交接在一起的，也是唯一一个兼跨天球赤道、银道和黄道的星座。蛇夫座既大又宽，长方形，天球赤道正好斜穿过这个长方形。尽管蛇夫座跨越的银河很短，但银河系中心方向就在离蛇夫座不远的人马座（Sagittarius）内。一周后的12月21日，太阳完成从蛇夫座的穿越，进入人马座（注：银河的中心就在人马座的方向上，这里有一些美丽而又较明亮的星云。太阳约在每年12月16日进入人马座，5天之后，也就是在冬至——12月22日或21日——到达这个最南的冬至点。这一天北半球各地白昼最短，黑夜最长）。

另外，研究者注意到麦田圈中心图案还有复杂的变化：如果它代表太阳的话，那么这个太阳已经膨胀到可以吞噬水星和金星的地步，难道这个麦田圈在向人类示警太阳系将发生一次巨变？

1994年，在英国的麦田里出现一只眼外接一个圆环的麦田圈，它的最大直径为80米，人们称它为"预见大地震慧眼"麦田圈。专家研究后认为，它的出现预示着地球在未来15年内将发生大地震。

不知道是真的有神秘力量在预告灾难，还是人们事后在牵强附会，在随后的十几年里，果然连续发生了强震：1995年1月17日，日本神户发生里氏6.9级大地震，5502人伤亡；1998年7月17日，新几内亚岛发生里氏7.0级大地震，2183人伤亡；1999年8月17日，土耳其发生里氏7.6级大地震，17118人伤亡；1999年9月21日，中国台湾发生里氏7.7级大地震，2400人伤亡；2007年8月15日，秘鲁发生里氏8.0级大地震，519人伤亡。在中国也曾发生过类似怪异现象，2008年5月12日14时28分04秒，四川汶川发生里氏8.0级大地震。

据说，就在2008年5月11日即将发生汶川大地震的前一天，西藏天空出现神秘的"天眼"奇观。难道真是"苍天"有眼，在利用麦田怪圈预告灾难之后，再度利用藏教圣地向地球人类显示大灾难即将降临的预兆？

麦田圈作物的神秘分子变化

科学家们选择了几百个麦田进行实验室分析，想从中了解圈内植物分子有可能产生的变化。他们前后进行了数千小时的工作，对照人为制造的麦田圈样本深入研究，结果检测到很多差异。

微波炉实验

麦田圈作物的分子结构变化主要表现在作物细胞凹坑的平均直径增大了21%，而且从麦田圈的边缘到中心，这一数据是逐渐增大的。而用微波炉加热作物30秒后，细胞凹坑的直径也可增大14%，若加热更长时间就会脱水死亡，但麦田圈里的作物却是活的，这说明形成麦田怪圈的力量持续时间不会超过30秒，绝非人工所能办到。

但这仍然是一个知其然而不知其所以然的问题，困惑接踵而至：为什么会这样？这是怎么做到的？是在揭示或预示着什么吗？科学家发挥无穷的想象力，从生命起源乃至宇宙分子活动角度做出了种种推测。

生命起源

20世纪40年代以来，人类用天体物理的手段，在地球之外探测了近百种有机分子，像甲醛、氨基酸等等。其中两种天体可能与地球上的生命有关，它们可能给地球带来生命或者有机分子：一个是彗星，一个是陨石。这两颗天体里边含有大量的有机分子。

科学家把一些彗星称为脏雪球，它们不仅含有固态的水，还有氨基酸、铁类、乙醇、嘌呤、嘧啶等有机化合物，生命有可能在彗星上产生而带到地球上。或者在彗星和陨石撞击地球时，由这些有机分子经过一系列的合成而产生新的生命。

这种胚种论当然也有致命的弱点：生命是否能在宇宙中进行长期的迁移？还能不能够存活？天体之间的距离是以光年来计算的，天体之间交流可能需要成千上万年，长期暴露在大量的宇宙射线之中，活的生命是否在千万年中还能够继续萌发？

1859年，伴随着达尔文《物种起源》一书的问世，生物科学发生了前所未有的大变革，同时也为人类揭示生命起源这一千古之谜带来了一丝曙光，这就是现代的化学进化论。生命起源的化学进化论在1953年首先得到美国学者米勒的证实：既然地球早期温度都比较高，又充满了很多还原性气体、水等等，那么就把这些气体和水等放在一个瓶子里面，看它是否能产生生命，或者产生有机化合物。

米勒把氨气、氢气、水、一氧化碳等放在一个密封的瓶子里面，在瓶子两头插上金属棒，然后通上电源，创造了类似于闪电的环境，确实在几天之后瓶内产生了大量的氨基酸。也就是说，在地球上面，在闪电和常温下，也能通过无机分子合成有机分子。

我们知道，氨基酸是组成蛋白质的最重要物质，可以说是生命起源最重要的物质。因此，米勒描述的生命进化的过程应该是：早期地球上含有大量的还原性原始大气圈，比如说甲烷、氨气、水、氢气等，还有原始的海洋。早期地球上的闪电作用把这些气体聚合成多种氨基酸，而这多种氨基酸在常温常压下可能在局部浓缩，再进一步演化成蛋白质、其他的多糖类以及高分子脂类，在一定的时候有可能孕育成生命。需要指出的是，他的理论只是一种假设，并未得到科学证明。

星际乐队

国外媒体报道，在无比广阔而又空旷的星际空间，存在着无数不易察觉的小分子。这些分子来自古老恒星的融合过程，并在恒星爆炸时被抛入太空，成为宇宙中碳、氢、硅和其他原子的来源。科学家估计，宇宙中的碳大约有20%是以各种形式的星际分子存在的。许多天文学家推测，弥散在太空中的星际分子还扮演着"星际乐队"——星际谱带的角色。虽然我们通过光谱分析可以得知遥远宇宙空间中一些分子的具体成分，但这些神秘的星际分子的原子排列仍然无法证实。来自哈佛史密松天体物理中心的科学家公布了"星际乐队"分子的可能性解释，这些分子可能是一些含硅原子的碳氢化合物。

天文学家早已知道含碳原子的星际分子的存在，而且根据其特性，它们能吸收来自恒星和其他发光体的光线。科学家因此提出了一些星际分子的类型，作为弥漫星际谱带的来源。所谓弥漫星际谱带，是指在地球上拍摄的彩色光谱图中，会出现数百条暗吸收线。这些缺失的颜色反映了某些特定波长的光子在穿越浩瀚宇宙，到达地球的途中被吸收了。不仅如此，这些光子的波长还可以提供有关星际分子电子结构的确切信息。

著名科学家麦卡锡指出，目前的工作还不能揭示弥漫星际谱带的确切来源。要证明这些大型的硅末端碳氢分子就是科学家要寻找的目标，还需要在实验室中对它们的电子跃迁进行更多的观察，而这些可能与天文学观测直接相关。

　　无论如何，这项研究提供了一种寻找弥漫星际谱带成因的可能，并揭示了宇宙中丰富的分子多样性。"星际介质是一个非常奇妙的环境。"麦卡锡说，"许多在那里十分丰富的东西，在地球上却完全不为人知。"

　　麦田圈的神秘分子是来自宇宙的星际分子吗？其变化是在向人们暗示生命起源的奥秘吗？无人能够知道。

NO.6 ｜ 探索真相 ｜

探索麦田怪圈的终极秘密

非人造麦田怪圈的十大特征

地球人假造麦田圈的事件时有发生，但并不能因此否认真麦田圈的现实存在。问题在于，无论是从事麦田圈研究的专家，还是麦田圈爱好者，必须学会根据真假麦田圈的各方面特征来辨认和识别其真伪。国外对麦田圈的研究远比中国深入，麦田圈的研究者确信，世界上大多数麦田圈都是无法用现有科技解释的，其真正的成因仍然是一个谜。经过对近20年来出现的数千个麦田圈的调查，研究者发现这些非人造麦田圈通常具有以下特征：

1. 多数形成于晚上，通常是子夜至凌晨四时，形成速度惊人。麦田附近找不到任何人、动物或机械留下的痕迹，没人亲眼目睹到圆圈图案的产生过程。动物远离现场，它们在麦田圈出现前会举止失常。

举例：从天而降的体操运动员吗

1998年6月15日夜，在英国汉普郡的普莱维特的燕麦田里出现了一个麦田圈。次日，当地的农场主决定到附近去看一看。在此之前，这里下了一周暴雨。农场主沿着拖拉机的车辙向出现麦田圈的地里走去。沿途他没有发现任何人或动物出没的"蛛丝马迹"，只有他自己的脚印清楚地留在泥泞的地上，直到他惊讶地发现突然展现在他眼前的麦田圈：倒伏的麦穗上竟然一点泥土也没有，这说明并不是有人借助某种机械工具使麦穗倒伏的。他认为如果这个麦田圈是地球人制作的，那除非制造者是从天而降且技巧高超的体操运动员，这还必须得借助"空中悬杠"使身体悬空起来进行操作才行。因为只有在这种情况下，麦穗才不会粘上泥土。

2. 在麦田圈附近常出现不明亮点或异常声响。据许多目击者报告，这种到处乱飞的神秘光球有时出现在野外，有时出现在房间里，它们经常跟随人们，有时只有用照相机或摄像机才能捕捉到它们的身影。

3. 图形以绝对精确的计算绘制，常套用极复杂的几何图形，或进行黄金分隔。

举例：麦田圈之母

2001年8月14日出现的麦田圈，是朱莉亚集合最登峰造极的作品！任何人看到它都会张大嘴巴、瞪大双眼！这个麦田圈由409个圆形组成，直径超过300米，占地面积约6万平方米，这是目前报道的最大的麦田圈，被称为"麦田圈之母"，其受尊崇的地位可见一斑。

4. 农作物依一定方向倾倒，呈规则状的螺旋或直线状，有时分层编织，最多可达五层，但每棵作物仍像精致安排过一般秩序井然。还有一个特殊现象随着这些倾倒的植物茎秆一同出现：如果用手触碰匍匐在地的植株弯曲处以下的部分，就会发现这部分异常坚硬，几乎不可能被拉直，就好像玻璃一般，将它放入熔炉软化后很容易变形，但一旦冷却定型后，形状就很难改变。令人奇怪的是，这些作物经历了这些看上去很痛苦的过程后，却依然茁壮地成长着。

5. 秆身加粗并向外延伸，秆内有小洞，胚芽变形，与人折断或踩到的麦子明显不同。有时候经过一周左右，它们还会慢慢长直。因为植物的向光性，有些麦田圈内的作物竟然能从任何茎节处开始逐渐直立起来，甚至呈现出某种几何形状，这说明一定有外力介入了植物的自然生长方式。

6. 麦秆弯曲位置的炭分子结构受电磁场影响而异常，但依然能够继续正常生长。生长的速度比没有压倒的小麦快。开花期的作物如果形成麦田圈，不会结种子。成熟期的麦子形成的麦田圈，会因发生变异而使果实变小。

7. 圈内像烘干的泥土内含有非天然放射性同位数的微量幅射，幅射增强3倍。

8. 麦田圈中的土壤里有许多磁性小粒，而且只有在显微镜下才能看到。

9. 图形内外的红外线增强。同正常的背景辐射加以比对，"盖革"记录仪会显示高达3倍的辐射值。农场周围的动物对此很敏感，甚至在麦田圈出现之前就早已远离到即将出现麦田圈的地方。周边农村会经常发生汽车蓄电瓶完全放电现象，有时甚至会导致区域性停电。

10. 大多在地球磁场能量带出现。指南针、电话、电池、相机、汽车甚至发电站会失常。

举例：电池耗电异常

1992年，麦田圈专家阿·德·塞缪埃勒斯带着摄像机造访在奥格鲍伦—瑟恩特—佐治出现的麦田圈，准备拍摄一段麦田圈画面。可是，他进到麦田圈还没有5分钟，他的摄像机突然不工作了。他前一天晚上才充满的电，通常电池至少够用30分钟。摄像机发生的这一怪异事件成了阿·德·塞缪埃勒斯验证这个麦田圈是真还是假的有力证据。

$$2$$

如何科学考察麦田怪圈的神秘现象

1990年7月，在英国威尔特郡未收割的麦田里，出乎意料地出现一个134米长的极其复杂的麦田圈。这是个很独特的象形图案，也许是外星文明向我们地球人类发来的一道谜题。这个麦田圈中的麦穗以怪异的卷曲状和叠加状倒伏在地上，整体图案由10个尺寸大小不同的怪圈组成。它的航拍照片传遍世界各地，对麦田圈有兴趣的人们对它肯定不会陌生。研究人员闻讯后，纷纷来到这个麦田圈现场，对它的起源和象征意义提出各种假说。1992年，俄罗斯著名科学家弗·巴巴宁对其进行了最后破译，声称这是一个关于太阳系行星的麦田圈链。

太阳系成员"站队"

麦田圈链的10个尺寸大小不同的怪圈同处在一条直线上，组成一个相互联系的统一系统。当看到这个麦田圈链时，人会有一种在宇宙中飞临太阳系的感觉，而太阳系所有行星都处在太阳的同一侧。众所周知，太阳系所有行星排成一条直线是极为罕见的天文事件。这个麦田圈链中的每一个怪圈显然都代表一颗行星。它们都分别代表哪一颗行星呢？无论怎样的谜题，应该首先想办法找到解开此谜的"钥匙"。科学家认为，最大的那个麦田圈就是解开行星麦田圈链中每一个链环的"钥匙"，因此便首先对它进行研究。

最大麦田圈的顶端带3个齿牙凸起物，实际上真的很像我们地球上一把开锁的普通钥匙，但这并非全部。这3个齿牙象征着数字3，它还表示距离太阳的第3颗行星——地球。所有行星似乎都处在由远及近的透视图的配置上，而第3颗行星离宇宙观察者最近，所以它也最大、最清楚。宇宙观察者能站在哪儿呢？他可能站在第3颗和第4颗行星之间，考虑到透视图效果，其他行星的大小应该从观察点由近及远，逐渐变小。带有3个齿牙的麦田圈引人注目之处就在于，这个麦田圈周围有一个窄小的环带，实际上，这个环带是专门由没有倒伏的"鲜活"的麦穗组成的——这可能是在暗示这颗行星上存在生命。

大家当然很熟悉这颗行星，因为我们就生活在这颗行星上，它就是我们的地球！麦田圈链中，离我们最近的那个小圈表示水星。水星上没有类似我们地球上的生物生命。因此，表示水星的麦田圈中没有用鲜活站立的麦穗组成的环带。第4个麦田圈中也没有站立的活麦穗组成的环带，它表示火星。第6个麦田圈表示木星。第7个麦田圈是土星。第8个麦田圈是天王星。第9个麦田圈是海王星。第10个麦田圈是冥王星。最有趣的是，这个麦田圈链中的第2个圈表示金星。它是用带有两个环带的麦田圈来表示的——这可是有生命存在的表示。

而据我们所知，金星表面上并不具备生物生命的生存条件，因为金星的气温高达465℃—485℃，气压达100个大气压。也许，麦田圈链的制造者了解到我们没有了解的信息，所以才通过这种方式提示我们？

宇宙统一全息信息论

对于麦田圈现象，无论是站在数学、几何学、工程学、音乐、占星术、天文符号学的角度研究，还是站在许多其他角度考察，都是十分重要和妙趣横生的。正是麦田圈的这一综合性特点，才使我们产生这样一种思想：某种高级智慧生命参与到麦田圈的创作当中来。毋庸置疑，复杂的麦田圈象形图案具有针对性的科技信息含义。

麦圈学家认为，这些麦田圈信息的外星"策划者"充分考虑到信息"接收者"的理解能力以及科技知识水平，对麦田圈所包含的信息及其表现方法进行了编码，并进行了预先缜密的策划。该如何破译这些麦田圈象形图案的含义呢？这正如古希腊伟大科学家阿基米德所言："给我一个支点，我就能撬动地球。"科学知识和关于周围世界的新发现，包括与自然界和宇宙中的信息现象有关的新知识，就是认知中的这个支点。俄罗斯麦田圈专家声称，他们创立的"宇宙统一全息信息论"是破译麦田圈密码信息的锁钥。

那就让我们通过"宇宙统一全息信息论"来了解一下充满信号、编码和直观再现的世界。

经科学研究，关于外部世界90%的信息是通过人的视觉系统获得的，而麦田圈中的神秘符号首先也是针对人的视觉器官及其接收方式而设计的。所以，在麦田圈中我们最先发现的是信息符号图案及其系统，这些图案和符号系统主要呈规则对称的几何形状，如三角形、正方形、菱形、正圆形等，它们都是由相切或相交的圆圈系统组成的。然后才次第发觉其他特征，比如麦田圈图案出现的过程中还伴有怪异的声音和振荡；在没有任何可视的能源和巨大力量作用的情况下，发生物体的机械位移现象以及植物茎秆整齐有序的倒伏等。

根据类推法和物理学知识，可以把这些结构称做"菲涅尔区格栅"或"环形干扰结构"。它们的特点是，区域性最大限度和最小限度表现为增加和减少能量场的能量，或区域性产生激发、抑制作用。类似结构用于对地层理论与实践中的信息编码进行干扰。例如，"菲涅尔区格栅"的光干扰结构曾被记录在细颗粒照片资料（感光玻璃和胶片）上，从而得到全息图。根据"宇宙统一全息信息论"，类似干扰结构编码被称做"宇宙编码"。因此，要想让人的视觉系统工作，必须使人的外部生理特性表现出以生理结构动因为表现形式的信息系统，该动因具有光栅结构，例如"菲涅尔区格栅"。

只有当人脑所必需的一切生理视觉水平开始工作时，人才能看见光信息。这就是地外文明的麦田圈"信函"意义之所在——我们拥有宇宙"拷贝"！我们由此了解自然界和宇宙信息的编码结构性干扰的物理系统，从而了解麦田圈中出现的符号系统，然后才能从中学习到某些宇宙知识。

$$3$$

麦田怪圈是世界范围的吗

麦田怪圈常常出现于春夏两季，且分布范围广泛，几乎遍布全球。但数十年来的记载也显示出，全球出现的麦田圈绝大部分都是发生在英国，尤其是英格兰的威尔特郡。也许，这和该地区具有白垩地质特征以及史前遗迹巨石阵有某种神秘关联。但这并不意味着麦田圈是英国"专利"。世界之大，无奇不有，国家差别、民族差别、经济差别以及科技发展差别等都非常大，要想做出全球麦田圈发生的准确记录，几乎是不太可能的事。尽管如此，还是有麦田圈研究者不遗余力地对麦田圈做了详细的统计，大致上还是能够得到麦田圈的基本分布状况的。

麦田圈分布范围

全球的麦田圈主要发生在欧洲地区，其次为北美洲，再有少量的发生在澳洲、南美洲和亚洲，幅员辽阔的非洲以及近年多事的中东广大地域（除以色列外）没有过麦田圈发生的记录，但没有记录并不代表没有发生过这种现象。

麦田圈每年发生的时机绝大多数是在北半球的夏季，数量的峰值月始终是北方农作物灌浆后期的7月份。全球半数以上的麦田圈都是发生在

怪石圈

英国本土，而在英国，有大于2/3的麦田圈都集中发生在仅占英国国土面积1.3%的农业县——威尔特郡。这个郡是号称世界之谜的巨石阵、怪石圈、史前人工山和数个白马山所在地，频繁出现的麦田圈极好地丰富了这个地区的旅游资源，在认真探求麦田圈现象时，这一点是无法排除掉也必须考虑到的资源经济方面因素。

统计显示，全球发生麦田圈的旺盛期是进入本世纪之后，而随着近些年开始的全球性经济衰退，麦田圈发生的数量也在明显减少，不同网站的记录都呈现下降的趋势。全球性经济衰退会影响到麦田圈数量的变化，这就不太可能是偶然的巧合了。如果依照某些学者的看法，认为麦田圈是外星人所为，那么说地球上发生的经济衰退也波及到了"外星人"世界？

全球不乏大面积的水稻作物区，但稻田作物区域却极少发生过麦田圈，可能"外星人"也明白，稻田属于湿地型农田，吸收能量大，泥泞程度高，不适于麦田圈生成。因此，重点研究英国麦田圈发生的诸多状况，就有可能揭开所谓的麦田怪圈之谜。而且，全球已发生的麦田圈中，也只有英国的数据最为完整，图片提供量大、精细和及时。如果要对全球麦田圈现象做进一步探索，从英国这里开始，应该是个正确的抉择。

虽然欧洲乃至英国似乎得天独厚，占了麦田圈的"半壁江山"，几乎独领了"怪圈"风骚，但亚洲、美洲甚至南非关于麦田圈的报道也不绝如缕。事实上，自从英国出现第一批麦田怪圈以来，世界各地的麦田怪圈似乎越来越多了。除了英格兰，麦田怪圈出现最多的国家应属捷克、荷兰、德国，美国以及加拿大每年也会出现数量众多的麦田怪圈，甚至中国和日本也有。现在，全世界每年就要出现200多个麦田怪圈，图案也各有不同。

中国的麦田圈

2015年，北京房山区就出现了中国有史以来第一个真正的麦田圈，图案为一朵盛开的莲花。但当地官方却回应说这是由50个农民制作的，是为了促进周边农业的发展。国外麦田圈研究者柯利（Red Collie）当时就托了北京的一位朋友向当地负责人询问。结果他们无法提供这个麦田圈具体的制作方法，也没有任何相关照片证明人工操作的过程。另外，这个麦田圈里的麦子弯折处存在"节点"！这是区别人为与真正麦田圈最明显的特征。在事情的真相未得到证实或证伪之前，我们假设这是一个真正的麦田圈，并且是中国第一个麦田圈，那么它想传达什么信息呢？

研究者将"莲花"麦田圈航拍的照片放大后，惊讶地发现在中间六边形上坐着一个佛像！从谷歌地图上看，图案左上角有白色建筑形成的汉字17和11。而麦田圈第11块"花瓣"刚好指向白色建筑形成的11，从图的上方一直往下可以观察到17、11和5。每个相邻数字之差为6。两块巨型的17和11加起来为28，如果再加上建筑17旁边的白点则为29。有意思的是，图片中间一块海龟形状的地区正是我国第一座大功率短波对外广播发射中心，它周围的天线塔恰好有29座。麦田圈形成日期为2015年5月8日，数字15+5+8恰好是28。这些数字巧合让人浮想联翩。尽管我们还不清楚数字代码"17-11-5"的更多含义，但相邻之差的数字"6"却让人想起6年前在英国威尔特郡出现的几乎一模一样的"莲花"麦田圈。2015年的中国图案比2009年英国的仅仅多出一个细圆环，且中间都有同样的6个小点。在古埃及神话里，莲花被奉为"神圣之花"，寓意为"只有开始，不会幻灭"。古希腊、古罗马则把荷花视为圣洁、美丽的化身。这是否代表着高级文明对我们友好的问候呢？

巴西与南非的怪圈

2013年11月2日，在巴西圣卡塔琳娜州的一片麦田里出现多个神秘的麦田圈，其中有两个麦田圈的直径相同，均为54.06米，还有一个是同心圆麦田圈。

南非纳米比亚沙漠西部沿海地区曾出现一个独特的"精灵怪圈"：怪圈直径2米到10米不等，圈内尽是沙土且寸草不生，圈周围却长有茂盛的野草。20世纪70年代开始，科学家就对"精灵怪圈"的形成原因产生了浓厚兴趣。时至今日，科学界形成了三种主流解释：一种解释认为地底下白蚁吃食掉植物的种子；另一解释认为放射性沙土致使植物生长受抑；还有一解释认为一种叫"绿珊瑚"的有毒植物在土壤中释放出有毒物质。然而经过实验测试，以上三种说法都被推翻了。那么，这些怪圈是怎样产生的呢？这至今还是个谜。

揭秘制造机留下的蛛丝马迹

数十年来，麦田怪圈在世界各地层出不穷，呈愈演愈烈之势，并成为吸引广大旅游爱好者的最大亮点。麦田怪圈的成因非常神秘，这也是它特别吸引人之处，然而人造的假麦田圈也不在少数，于是如何辨别真伪也成为旅游爱好者需要掌握的学问。其实这也不需要具备福尔摩斯的本领，只要细心一点，便能发现麦田圈"制造机"留下的蛛丝马迹。

毛毛虫

英格兰威尔特郡的丘陵地带每年都会出现50个到60个麦田怪圈。而世界其他地方每年总共只会出现40个到50个。所以每到夏季，来自比利时、荷兰、美国、挪威和澳大利亚的麦田怪圈迷们纷纷涌向出现这种图案的新地点，对于这种现象，似乎他们各自都有自己的一套理论。这不，有关温德米尔山出现新麦田怪圈的第一批消息传出几小时后，荷兰一个由9人组成的旅游团就赶到了现场。

旅游团领队、45岁的珍妮特·奥瑟巴尔德是《麦田怪圈：科学证据》一书的作者，她说："这里存在很多生物物理学反常现象。这不是人为因素产生的，要不然你将会看到木板痕迹造成的破坏（制造骗局的人放置木板，用来压平小麦）。它是被等离子旋涡击中后产生的。你能在庄稼上看到烧痕和破损的小洞。"她手里拿的一根麦秸上确实有一些小洞。她说："我们还发现被烧的半生不熟的毛毛虫。这是等离子旋涡所为，并不是骗局制造者或者军事演习干出来的。"

死苍蝇

如果游览者足够细心，还会发现真麦田圈里有死掉的苍蝇，这是辨别真伪的一个重要标志。比如一些苍蝇死状非常奇特甚至可谓惨烈，好像被炸弹袭击过，翅膀、头部、足部以及躯体散布在植物表面各处。还有一些死去的苍蝇，嘴巴紧紧地粘附在麦穗上，似乎在错误的时间出现在错误的地点。荷兰女科学家珍妮特·奥瑟巴尔德1998年7月在观察麦田圈时，首次发现了这一现象。在后来的研究中她又注意到，许多死苍蝇的肢体都是裂开的，好像用微波炉烘烤过一样。

"膝盖节"

真正麦田圈中的麦秆是自然弯曲的，不是折断，也无折痕，而且折弯处长有"膝盖节"。最底层倒伏的麦穗离地高度为3—5厘米。而人为恶作剧造出来的麦田圈中的庄稼秸秆是被折弯的，折弯处有明显折断的痕迹。真麦田圈附近找不到任何人、动物或机械留下的痕迹，没人亲眼目睹圆圈图案的产生过程。而制造机所产生的麦田圈通常都比较粗糙，不可能不留下一点蛛丝马迹，只要游览者稍加注意，即可辨明真假。如果与真麦田圈对比参照的话，就更加一目了然，正如俗语所言："不怕不识货，就怕货比货。"

很多时候，真麦田圈中的植物会被"神秘力量"塑造成高度规则的形状，有时一个麦田圈包含上千个小单位的麦田圈，个个都像外科手术般精准。在复杂的麦田圈出现之前，主要的图形语言是简单的圆圈或多重圆圈。这些图形虽然现在看不甚了了，但其简单的造型依然反衬出麦田圈底面的复杂与精细之处，这些都不是造假者能够轻易鱼目混珠的。

$$5$$

麦田里的怪图：外星人的心灵感应

麦田圈对人的心理影响是毋庸置疑的，但其运作机制却无法说得清楚，因此很多人将此现象解释为外星人的心灵感应。

看见"粒子流"

1998年，拉尔夫·诺伊斯去世。1972年之前，他任国防部国务秘书，领导第八处。第八处除了负责一般的行政事务外，还负责对UFO目击报告进行分析和研究。拉尔夫·诺伊斯具有敏锐的分析才能，像激光一样能洞悉任何形势，分辨真假，能把臆造的东西同事实真相分辨开来。

1990年8月初，拉尔夫·诺伊斯和他的几个朋友去参观在贝凯姆顿出现的"三角形"麦田圈。那天虽然是星期天，参观的游客却并不多。但这天晚上发生的事件使他感到无比震惊。从那以后整整过去两年了，他一直拒绝讲出自己对该事件的印象，而希望找到对该事件的合理解释。

拉尔夫·诺伊斯最终讲述了他所经历的该事件的经过。当时，他与朋友们在离该麦田圈不远的斯科罗尔斯待了一会儿，然后又进到"三角形"麦田圈中，在那里，他们立刻感觉到有某种高能量。这时，拉尔夫似乎看到有某种能量流穿过"三角形"麦田圈，大约从北或东北方向流向南或西南方向。这是个不间断的闪光粒子流，粒子流中的每一个粒子能穿越30—60厘米远，并且不断变幻形态，在那儿是一种样子，在这里又是另一种样子。

这一情景使他想起最早在物理学上使用过的"气泡室"中的原子粒子流和亚原子粒子流。他问当时同行的朋友是否看见这些粒子了，他们回答说没有。拉尔夫明白了，他似乎特别受到麦田圈的青睐，他的视觉范围受到某种神秘能量流的影响而变宽了。

这种怪异现象究竟是怎么回事？是否与个人心理有关？或是外星人的心灵感应？拉尔夫至今仍在迷惑中。

忽然成为预言家

1993年，研究员南希·泰勒波特开始为美国莱温古德博士采集麦田圈植物样本。莱温古德博士是美国著名的生物物理学家，专门从事麦田圈对周围植物群系影响的研究。南希·泰勒波特在着手工作之前，曾产生过一种预感，她对她的一个加拿大朋友、同行查德·基特京讲述了这一奇异的心灵体验："今天夜里，在伊斯特—坎耐特已经出现的麦田圈近旁将会出现另一个新麦田圈。"因此，她建议研究人员进驻奥威顿—希尔，以便就近观察新麦田圈的形成过程。

连南希·泰勒波特自己都不明白为什么会有这种预感，预感刚出现时她还感到新奇，过后却觉得有些荒唐了，也没想着预言能成真。查德·基特京和她的几个同伴按照南希·泰勒波特的指示，真的来到伊斯特—坎耐特，并在那一直呆到凌晨两点半。最初，她们发现那里有奇异的白云在麦田上空飘过，白云的轮廓很像一匹白马。当午夜过后，那匹云雾状的"白马"很快沿着田野朝维斯特—坎耐特—隆格麦田方向"飞驰"而去，结果他们就真的看到了南希·泰勒波特预言中的麦田圈。

爱因斯坦在"α 状态下"

科学研究表明，除了人自身的情感之外，某种神秘情绪也在我们的行动中起着重要作用，因此我们的行动经常有意识或无意识地受到情绪的支配。有时，这会导致最意想不到的结果。

很早就已确定，人的思想存在各种意识水平，所有这些意识水平对人都至关重要。我们从脑电图上能看对记录下的基本生物节律或大脑电信号。目前已知的节律有 α 节律、β 节律、θ 节律和 δ 节律。这些节律似乎向我们打开通向外部世界的"心窗"。β 节律（频率：3—30赫兹）是精神饱满的人的大脑所特有的，同解决具体问题时的积极思维有关联。α 节律（频率：8—13赫兹）对其进行分析最难。已故心理学教授马克斯韦尔·凯德在她所著的《唤醒意识》一书中指出，当从表面领略周围所发生的事件时，α 节律伴随出现"思维能力被关闭"状态。当出现陌生的噪声、激动或思想侵入时，这种状态很容易受到破坏。

爱因斯坦在解复杂的数学题时就是在 α 状态下。人的 α 状态是在性成熟期发育的，而在不早于18岁时稳定。人可以借助张弛和冥想进入这一状态，还可以利用它来控制痛感。许多已知的例证表明，α 状态效应类似镇痛药物的作用。在正常意识状态下，大脑中交替闪现 α 波和 β 波，积极情绪是 β 波的特征。这是70%心理平衡的人所特有的。

θ 节律（频率：4—8赫兹）表现在冥想或全神贯注于某事而忘记周围一切的状态中。具备特异功能人就在这一波段工作。催眠状态、创造性顿悟和深深沉入冥想状态——所有这些方法都能领悟到真理，都同 θ 波有关。我们处在 θ 状态时，就会进入睡梦与清醒之间的魔幻般难以捕捉的瞬间。届时，我们就像已进入其他维度，在那里，我们作为智慧生命的个体就会进入最高境界，得到最高的领悟和意识。当然，这些心灵状态都处在普通认知界限之外。δ节律（频率：0.5—4赫兹）则进入深睡状态。

应当指出的是，我们的整个地球在平流层水平上被频率7.38赫兹的电磁波所包围，这被称做"舒曼谐振"。这种电磁波会进入θ波的频率间隔，无疑，这会对人的大脑产生一定效应。在对其频率经过"调制"后，人的积极性就会提高。有人体验过同周围世界高度协调一致的心灵状态，这种体验类似于佛家的顿悟，非人类现有的知识与概念所能描述。另一些人却恰恰相反，他们充满野性，因愚昧无知而对周围世界充满怒火，对一切都不理解，也很难产生包容的情怀。这种反应多半与个性类型有关，比如内向型或外向型性格。

尽管现代心理学研究已经达到相当高的水准，但仍不能有效解释麦田圈对人的种种奇异影响。也许，这一个个麦田怪圈，真的是外星人的"心电图"，并通过地球文明不能理解的方式与人类发生感应。

"科赫分形"与大地能量网格

1997年7月23日在英国威尔特郡出现了一个奇形怪状的麦田圈,经研究认定,图案居然完全符合著名的"科赫分形"。麦田圈出现当晚,当地一名妇女开车载着儿子经过附近,时间是半夜1点15分,当时车子后面突然出现一个银蓝色圆球,飞近到距离不知所措的两人不到9米的地方,之后又瞬间消失了。隔天早上,一名飞机驾驶员沿着平时的路线上班,发现了这个麦田圈。他确信前一天这里什么也没有。

"科赫分形"麦田圈

这个麦田圈除了9个正三角形,还有一个包含六角星形的六边形,以及立方体的二维平面图。如果再将顶角平分,就得到"科赫分形"麦田圈必须应用的网格图形。整个图案需要10个参考点做基础格点,再依次造出六边形架构,之后将六边形的每个角做2等分,让整个网格体系能够参照图样中的每个点。这里说的还只是图样的"外部"而已。

而要做出麦田圈中间的"小岛"部分则需要反向等分。如果这个图样真的是人造的,这时候,麦田圈应该像打完三节曲棍球比赛的球场一样伤痕累累。想把图样完成,还必须加上外围的小圆圈,对齐每条网格线和相对应的空间。最后，制作复杂的格点需要中央参考点，但图形中央却是个直径3.6米、完全直立的麦丛。

由于连日来该地区断断续续地降雨，当地泥泞的黏土变得又湿又黏，但麦田圈中平坦的作物上却没有任何泥巴印，底下易碎的白垩小球也都完好无缺。麦田圈出现之后，一名心生不满的农民匆匆赶来把图样铲平。所幸麦田圈研究中心创始会员、历史学家拜斯·戴维斯（Beth Davis）已经在几小时前察看过了，并发现新特征：摊平的麦子，每一束的伸展方向都顺应图形的不对称形态，跟中央节点的距离形成各种不同的半径值。另外两个圆圈的倾倒方向一个是顺时针，另一个则是逆时针的。

这个"科赫分形"麦田圈实在是太精确了，每个圈都很完美，所有麦子都按照一定方向摊平，心形图形的底部缩成只有一根麦秆。所有麦秆都在土壤上方60厘米处折弯，附近没有足印，也没有机器经过的痕迹。由于这个图形非常完美，不少数学家被吸引到这个议题当中。有些人认为："要做出这么复杂的数学图形非得依赖电脑不可，而且还需要很多时间，最为奇妙的是，它竟然与此处的大地能量网络遥相呼应。"

英国巨石阵三角区的神秘力线

麦田圈主要出现在英国，具体说是出现在一片面积仅仅几平方公里的区域。这一地区就是史前巨石阵所在地，位于英国汉普郡与威尔特郡之间的三角地带内。这个三角形的三个顶点分别是斯通亨奇、格拉斯顿伯里和埃夫伯里。这个区域之所以成为麦田圈的"高发区"，很可能是因为巨石阵区域内的神秘力线，即大地之中隐藏的能量线。能量线沿着地下水的流动方向分布，形成大地能量网络。专家们认为，水起到了地球磁场放大器的作用，而能量线正是借助了水的这一特性，使它们的每一次交汇都导致一种特殊的能量凝聚。

分形理论

分形理论是当今十分风靡和活跃的新理论、新学科，其概念是美籍数学家本华·曼德博首先提出的。分形理论的数学基础是分形几何学，即由分形几何衍生出分形信息、分形设计、分形艺术等应用。

分形理论的最基本特点是用分数维度的视角与数学方法描述和研究客观事物，它跳出了一维的线、二维的面、三维的立体乃至四维时空的传统藩篱，更加趋近复杂系统的真实属性与状态的描述，更加符合客观事物的多样性与复杂性。

分形是电脑产生的图形，同样的基本图样重复出现，且图样的尺寸无止境地不断缩小。它的几何学概念可以理解为：客观事物具有自相似的层次结构，局部与整体在形态、功能、信息、时间、空间等方面具有统计意义的相似性。从哲学角度，分形表现出的是复杂与简单的统一。分形几何的主要价值在于它在极端有序和真正混沌之间提供了一种可能性。

它最显著的性质是：本来看来十分复杂的事物，事实上大多数均可用仅含很少参数的简单公式来描述。其实简单并不简单，它蕴含着复杂。分形几何中的迭代法为我们提供了认识简单与复杂的辩证关系的生动例子。分形高度复杂，又特别简单。无穷精致的细节和独特的数学特征（没有两个分形是一样的）是分形的复杂性一面。连续不断的、从大尺度到小尺度的自我复制及迭代操作生成，又是分形简单的一面。

1904年，瑞典数学家科赫构造了"科赫曲线"几何图形。科赫曲线大于一维，具有无限的长度，但是又小于二维，是一个典型的分形。

麦田圈中隐含的虫洞

2006年夏天，一连串先进的"虫洞"麦田圈图案出现在英国威尔特郡。这种特殊的图案展示了在"扁平化"时空里两个不同区域是如何通过两个"奇点"连接起来的，并通过它们狭窄的尽端连接点或"压缩"，形成一个"单虫洞"。2006年夏季的其他麦田圈则显示了两个或四个虫洞所组成的"罗马戒指"，从理论上来说这都是用于进行时间旅行的。另一个麦田圈则展示了一个"环形虫洞"，也就是说单个虫洞已经通过时空扭曲（"拓扑结构"）稳定了下来，以便在多个不同世界中创造一系列长期稳定的虫洞。

时空洞

虫洞是1916年由奥地利物理学家路德维希·弗莱姆首次提出的概念，1930年由爱因斯坦及纳森·罗森在研究引力场方程时假设的，认为透过虫洞可以做瞬时的空间转移或时间旅行。简单地说，"虫洞"就是连接宇宙遥远区域间的时空细管。暗物质维持着虫洞出口的开启。虫洞可以把平行宇宙和婴儿宇宙连接起来，并提供时间旅行的可能性。虫洞也可能是连接黑洞和白洞的时空隧道，所以也叫"灰道"。

理论上，虫洞是连结两个遥远时空的空间隧道，就像是大海里面的旋涡，是无处不在但转瞬即逝的。这些时空旋涡是由星体旋转和引力作用共同造成的。就像旋涡能够让局部水面跟水底离得更近一样，能够让两个相对距离很远的局部空间瞬间接近。不过有人假想一种奇异物质可以使虫洞保持张开，因其同时具有正能量和负质量，因此能创造排斥效应以防止虫洞关闭。

迄今为止，科学家们还没有观察到虫洞存在的证据。为了与其他种类的虫洞进行区分，一般通俗所称"虫洞"应被称为"时空洞"。

"弯曲的嫌疑"（Crooked Soley）麦田圈

2002年8月15日在英国威尔特郡出现的Crabwood麦田圈是最负盛名的图案之一，其图案是在一个巨大的"矩形框"里通过60行水平线绘制出一张"灰人"脸部示意图，如同早期"机械式"的电视图像，因为在20世纪30年代我们使用的是60Hz交流电。每行的可变宽度创建出不同的"灰度"，现代电视屏幕所呈现的画面当然不是这样的。这个镶嵌着外星人脸庞的矩形框与它附近的两座电视无线电发射塔对应非常整齐。矩形框的一个下角位置还画着一个"螺旋盘"，上面包含着精心制作的用ASCII编码写成的二进制信息。经研究，这些密码携带着这样一句话："警惕那些带来假礼物的人背弃承诺！"

此言饱含深意，引人遐思，于是许多调查者都想起了一个传闻：美国政府在与俄罗斯冷战时期，曾经与那些灰人外星人签订了一项秘密条约，条约中允许这些外星人在地球上建立基地并进行某些科学实验，从而换取美国所需要的某些特定的先进军事技术。传言还说到那所谓的"军事技术"从未奏效，倒是那些灰人建立了基地后，一度毫无顾忌地为所欲为。

假如这些传言是真实的，那么现代的"麦田圈制造者"显然拥有虫洞技术。即使他们目前居住在某个距离遥远的行星上，他们还是可以利用虫洞来观察我们的宇宙，甚至回溯我们的过去，从而看到（如同电视画面般的）一些灰人外星军事领袖正在和美国政府达成某个秘密协议。否则他们为何要向我们展示一个"电视屏幕上的"灰人呢，而且将这整个画面指向了附近的两座电视微波发射塔？

大胆假设

"虫洞说"目前仍是一种假设，但科学的进步离不开大胆的假设。人们一度认为物质的最小组成单位是原子，后来又发现了中子和质子。同样，长久以来，人类也曾认为宇宙是由物质构成的，但暗物质的存在推翻了这一结论。科学假设的意义，就在于摆脱现有束缚，通过不断的自我否定和怀疑，推进人类对宇宙的了解和自身的进步。正如著名科学家萨鲁奇所言："在任何情况下，我们都需要问自己，那到底是什么？

如果假设麦田圈的制造者拥有虫洞技术，那么此前不少麦田圈图案都比现在更能得到精确的解释。例如，为什么有那么多的麦田圈图案出现在古代巨石遗址附近？这些遗址在5000年前的日常功用是否反映了今天麦田圈的象征意义？

神秘莫测的空中亮光

麦田圈与各种发光体之间是否有联系？乍看起来，大部分麦田圈，无论是真麦田圈还是假麦田圈都处在地球的天然能量线上，这些能量线凭借它们产生的电磁场对人产生超出想象的极大影响。

夹馅卷边烤饼

1993年5月31日深夜，英国威尔特郡一对夫妇被窗外突然出现的耀眼强光惊醒。他们马上从床上爬起来，跑到外面观看，只见希尔贝里上空出现了耀眼火光。次日凌晨，在山丘对面的麦田里，人们发现一个麦田圈。

此类例子有很多。1991年，同样是英国威尔特郡的一对夫妇，他们一同去参观在奥尔顿—巴伦斯的麦田圈。进入麦田圈之后，妻子突然产生一种不可遏制的欲望，想要去麦田圈中间的地方。当她走到那个狭窄的地方后，感觉到有一种巨大的压力从上下两个方向向她挤压，她突然开始出现可怕的偏头痛，这感觉很不妙，她便急忙沿着原路退了回去。这时，她突然发现一种浅白色火光在沿着麦田水平移动，距离她大约4.5米远，环绕着麦田圈缓慢飘移。这个浅白色火光是由一些很小的脉动火光物质组成的，其形状很像夹馅卷边烤饼，它的边缘很宽，中心有个小圈，直径约1米，厚度约0.3米。

特别惊人的是，好像除了她之外，谁也没发现这种现象。她同时还看到在麦田圈上空出现数根红线，很像闪电拖曳过天空的形状。这时那个"夹馅卷边烤饼"开始放射出浅橙色光，然后又朝一旁运动，而且越来越快，很快消失在山丘后面。这一天稍晚些时候，她又发现，在布里斯托尔出现几个直径约1米的橘黄色大光球。似乎这奇怪的光球一直在跟随他们，但当它们碰到人时，很快便不见了，好像消融在人体之内。

光束的"监视"

1993年，英格兰南部一个颇为知名的麦田圈造假者在小麦田里又开始他的"创作"时，突然感觉到后面好像有什么人在偷窥。他转身一看，发现天空中出现一道光束射到他身上。光束一动不动，那个造假者却发现自己有些身不由己，好像那光束能对他的身体造成影响。这究竟是什么东西？造假者惊骇无比，不敢在此逗留，匆匆离开。而那道光束仍然在天空中"监视"着他，直到他彻底从田野消失。

飞碟学家认为，地外文明能随时跟踪和监视地球人的一举一动，甚至掌控每一个人的心理和意志，可根据他们的需要借助显形或隐形光柱以及光球对他们认定的目标施加各种影响，以达到他们想要达到的目的。

隐形访客

英国多塞特郡的麦田圈研究者大卫·金格斯顿于1994年8月30日拍摄了一张特异现象照片。这一天，一个农场主打电话给大卫·金格斯顿，说他在收割小麦时发现了3个麦田圈。大卫·金格斯顿急忙来到现场。他一进入麦田圈，随身带来的罗盘指针就猛烈跳动起来，一直持续了15分钟左右，这说明麦田圈中存在磁场异常。他将要离开麦田圈时，突然产生了某种诡异的直觉——现场有某一个"隐形访客"参与其中，虽然看不见，他却能真切地感到他的位置。

大卫顿时紧张得头发全都竖起来了，同时也不乏兴奋与激动。他迅速拿出相机，给这个"隐形访客"拍了照。蹊跷的是，那个"隐形访客"只允许他拍摄两张，而其余33张全报废了。大卫·金格斯顿在对胶片进行显影处理时，发现只有两个镜头拍摄成功，其余全都模糊不清。他拿着这些照片来到感光剂生产厂家咨询，得到的回答是："要么你是在X光机附近拍摄的照片，要么你拍摄的胶片经过了机场安检站的检测仪，是检测仪损毁了底片。"可是，大卫·金格斯顿心中有数，他既没接近X光机，也从未去过机场，他只是去过麦田圈。为了找到问题的真正答案，他联系上一家美国公司，该公司要求他把拍摄的照片和底片连同照相机一起寄过去。公司专家经过仔细检查后告诉他："你的照相机拍下的是一个三维固体物。"

神秘光球

英国威尔特郡是许多天然能量线所贯穿的地方，其中最著名的就是迈克尔能量线和迈里能量线，这些能量线从卡伦—莱斯鲍尔延伸到卡伦沃尔，再经过沃斯特到达诺福克的霍普顿。同时，这儿也是麦田怪圈经常创新之所。

波尔·威盖伊是个计算机专家和发明家，他经常对这里出现的麦田圈进行研究，收集土样和麦穗样本进行分析。此外，他还想研究电磁异常及其对各种机械工作状态的影响。1992年的夏天，波尔·威盖伊比平时晚些回到他在汉普郡的家中。当时大约深夜11点半，波尔驱车向奥尔顿—巴伦斯朝哈尼—斯特里特方向驶去。

尽管没有下雨，空气却很潮湿。当他来到哈尼—斯特里特时发现，道路的前方出现一个类似拱门的东西。当波尔朝它驶去时，拱门中忽然射出耀眼强光，很像对面驶来一辆摩托车，可它的灯光似乎比正常摩托车灯的位置低，距离路面只有30—45厘米。波尔发现它没有减速的意思，便停住车给它让道。可是就在双方将要接近时，它却绕着波尔的汽车飞行，并不断改变方向，然后从地面滑动，一下子飞到半空中，从车顶上一掠而过。这时，波尔的汽车发动机突然熄火。

这不可能是操作失误所致，因为波尔根本就没有触动汽车的任何操纵按钮，在此之前，他的汽车也从未出现过类似现象。尽管发动机熄火了，可汽车灯还亮着，其亮度丝毫没有减弱。过了一会，波尔从呆滞状态中清醒过来，打开天窗，想再看看那个"怪物"跑到哪里去了，可它却踪影皆无。事后波尔回想起，当那光球从他的车棚上方飞过时，所发出的耀眼强光射向各个方向，这显然不同于车灯所产生的定向光束。后来，波尔再次回到奥尔顿—巴伦斯，希望能再次发现"怪物"的踪迹，可是他的愿望没能实现。

那些悬而未决的谜题

几百年来，世界各地在稻田、玉米地、菜地、草地、沙漠、戈壁、雪地等不断发现一些神秘怪圈。一些科学家认为这是大自然的杰作，另外一些科学家却认为这肯定是有人用高科技制造的，只是制造者如何能够快速制造出巨大的图案还是一个谜。

麦田圈能对人产生心理效应吗

2005年6月21日，星期三，英国人麦克·布斯像往常一样在6时30分开始他的自行车健身运动，他的骑车路线是沿着公路经过威尔特郡的洛克里奇村，进入小乡村奥尔顿巴恩斯。此地是很多年来麦田怪圈出现的中心地带。那天，正当布斯骑车经过伯瑞汉姆郡田地的时候，他惊讶地发现自己左侧的田地中有三四个白色的金属般的物体，在高于田地大约200米的地方慢慢地沿着小麦幼苗的顶部滑行着。

布斯估计这些物体大概有2米高，1.5米宽，并且有圆顶状的陀螺竖在距麦苗0.5—1米高的地方。给他印象深刻的是这些物体并没有触及地面，而仅仅是将作物的上端部分压平，它们移动经过的地方留下了随意的踪迹。

当布斯停下来看这奇怪景象的时候，他意识到这些物体已经停止了移动，同时他产生了一种奇怪的感觉——这些物体之所以停止移动，是因为它们"意识到了"他这个山脚下正骑在自行车上的人。尽管布斯的手机有摄像头，确实可以将这奇怪的景象拍下来，但是他无法解释为什么他决定不这么做，当时他只是相信一点，他应该"不理睬"，继续前行。而他确实是这样做的。

第二天，他在同一片田地中发现了几何图形的麦田怪圈，但从布斯停靠自行车的位置上是不能完全看到。然而，这个最典型的"几何图形"麦田怪圈有着极为不寻常之处：图形的外围是由被切割的作物形成的——事实上是作物被撕成碎片状，而不只是像通常那样被压平。这个麦田怪圈曾引起广泛关注，有专家研究后表示："麦田圈也许能对人产生心理效应。"但结果究竟如何，至今仍然没有人能给出合乎科学的解释。

麦田圈的出现是一种警示吗

20世纪90年代以来，麦田怪圈越来越多，记录在案的麦田怪圈已经超过3000，遍及俄、巴西、美、英、加、澳、印度、日本和中国等近百个国家。很多麦田圈都蕴含着宇宙信息，比如曾有一个麦田圈近乎完美地向我们展示了整个太阳系，所示九大行星的位置与2012年12月21日（冬至）我们宇宙中太阳系行星的位置图完全吻合。

一些麦田圈的出现往往具有一定的警示作用，比如1995年某地发生虫灾前曾有过蚂蚁形状的麦田圈出现。而2002年的一个麦田圈图案，与2003年在高倍显微镜下看到的非典（SARS）冠状病毒是一样的，这实在是不可思议。

复杂怪异的图案是如何形成的

一个600英尺（约合182米）长、形状酷似水母的怪圈出现在英国牛津郡的一处大麦田里。据悉，这是迄今为止人们发现的最为怪异也是最大的麦田怪圈。麦田怪圈方面的专家凯伦·亚历山大表示："过去我们曾看到过蝴蝶和鸟类图案，但这是世界上第一个水母形状的麦田怪圈。它非常巨大，尺寸是大部分怪圈的3倍，而且确实很有意思。人们对于它的尺寸完全惊呆了，它看上去犹如入侵地球的神秘怪物。我们试图解开这个谜团，但目前还一无所获。"亚历山大还介绍说，这个巨型水母怪圈完全击败了之前最大的怪圈纪录——威尔特郡350英尺（约合106米）长的阴阳怪圈图案。

麦田怪圈种类繁多，其他比较经典的还有"生命之花""外星人头像""螺线"等。

1997年，美国物理学家雷比盖特在俄勒冈州出现的麦田怪圈中，发现麦秆上出现了奇怪的小洞。另外，在麦田怪圈周围的土地上还发现了人眼无法看到的磁性小粒，离麦田怪圈越远，这种磁性小粒越少，但总体看来分布非常均匀，似乎也不是人力或者借助机械力量能够做到的。

雷比盖特博士还发现，怪圈中大约有40%的植物种子发生了变异，怪圈中植物的生长关节肿大，好像加热后膨胀了，或是某种能量突然爆发的结果。面对麦田圈种种神秘怪异的现象，数十年来各方专业人士通过不懈努力，无论是从气象、旋风成因说，还是从微波、磁场成因说，抑或是自然力成因说，都无法给予符合人类逻辑的科学解释。

NO.7 | 破译密码 |

麦田怪圈背后的抽象含义

神秘麦田圈，如何考察和揭秘

神秘麦田怪圈具有天然的吸引力，能够激发人们探索自然的兴趣。然而骗子、造假者和赝品每天都存在于我们周围，人们乐于以假乱真，其动机不难理解：模糊的、不确定的现象为恶搞者提供了肥沃的土壤。有很大一部分人相信鬼魂、天使、飞碟和外星人拜访，以及其他奇异现象的存在。这些信仰逃避科学解释和证据。

人类内心深处一方面趋于理性——这种想法认为任何事都不是完全真实的，除非摆出理由或拿出或多或少的科学证据。但人类灵魂同时也渴望神奇，那些在艺术、文学或音乐中找不到神圣感觉的人很可能会转向灵异事件，以满足他们浪漫的情怀以及超越现实的渴望。这种人极易相信恶作剧，因为他们急欲寻找证据以证明无法解释的力量和实体之存在。于是，如何考察与揭秘麦田怪圈的问题也变得相当复杂起来。

奥利弗城堡的录像

相信很多人都观赏过由梅尔吉普森主演的《天兆》这部影片，并对其中的麦田怪圈等神秘事件留下了很深的印象。20世纪七八十年代，沉寂

奥利弗城堡

许久的麦田怪圈再度向人类袭来。数以千计的怪圈出现在麦田里，究竟是自然形成抑或人为制造？还是如电影里那样真的是外星人所为？

如果说这是恶作剧专家们的杰作，也似乎失之轻率。麦田怪圈的数量和复杂程度在逐年增加，数十年来，仅仅在英国就出现了几千个麦田怪圈，吸引了越来越多相信超自然力量的人们。可怀疑者们并不认为这有多神奇，他们只是觉得造假的风气越来越厉害了，刚开始只是几个人做，现在有更多无聊的人效仿了。看来要想让死脑筋的怀疑者接受这一切非常困难。

于是，信仰者们决定拿出最有说服力的铁证——一段有关奥利弗城堡的录像。这段影片中，铁器时代的要塞、奥利弗城堡的下方，光球在田野上闪烁、游动，就像受到了控制一样，并很快在田地里创造出雪花图案。另一段是在1990年7月，摄影师史蒂夫·亚历山大独自去调查麦田怪圈时拍摄到空中出现了一团飘浮的光。

麦田圈风景画天才

似乎证据确凿！但麦田圈制造者却说他们也可以制造出同样的麦田圈。他们决定挑战自然，在英国入夏以后，用一个夜晚的时间完成一个复杂的图案。

麦田怪圈制造者们设计出了一个方形螺旋图案。他们划分出外圆之后，朝着圆心进行构图。他们必须让每个角都保持90度，每条线都必须很直，一旦出现偏差，错误就会在向内螺旋时不断扩大，最后会变成不对称图案。同时，为避免在田里留下痕迹，他们必须沿着拖拉机的车道移动，且保证在任何情况下都不能踩到直立的农作物。他们的工具很简单：几根标示关键点的木桩、测量卷尺以及特制的压麦器。开始后3个小时，他们剩下的工程已经不多了，主要就是测量和校正90度角。短短5小时内，"麦田圈风景画"天才们就完成了方形螺旋图案。

剩下的疑问就只有"光球"了。他们提供的录像带颇具说服力，但这是真的吗？光是从哪里来的？它们自身会发光吗？还是来自其他物体，比如太阳？要重现这么一个光球有多难呢？为了寻找答案，怀疑者们对比其他人拍摄的录像和自制的画面，经过几次尝试，制造出一些几乎可以乱真的光球，所用工具无非是袋子和一根钓鱼竿而已。那么，麦田怪圈研究史上最著名的光球又怎么解释呢？比如奥利弗城堡录像中的光球，那可是最具震撼力的证据之一，正是这段录像把光球与麦田怪圈的产生联系在了一起。

考察与揭秘的标尺

不久就有人对奥利弗城堡录像提出了质疑。他们认为拍摄这个画面时，如果突然有两个光球飞进画面，换作任何人操作摄像机，都会采取追踪的手段。但在这段录像中，镜头始终没有移动，好像早知道一个光球出现后，接下来会出现下一个光球一样。

怀疑者们的质疑似乎很难辩驳。虽然不能给出合理解释，信仰者依然不肯轻易放弃他们所坚信的超自然力量。而怀疑者们似乎已经得到了他们想要的答案——有一点无庸置疑，麦田怪圈确实是智慧的产物。但我们不能不问：你有什么理由认为这种智慧并非来自人类？

即便科学家通过高百分比数据证实美丽图案多数是人为，但并没能抵挡信仰者对神秘怪圈的迷恋，仍有发帖者宁可相信怪圈是源自某种地外文明。为何科学家的论断仍不能说服人们？是什么增添了破解怪圈的难度呢？中国科普研究所研究员郭正谊教授说：大部分圆圈在大麦和小麦田中出现，所有麦田中出现的怪圈至少有四种特征，这些特征给破解怪圈制造了悬念，但同时也给出了考察或者揭秘麦田圈真伪的主要标尺：

第一，至今科学家还缺乏所有麦田怪圈都是人为构造的证据。比如现场没有机器留下的痕迹，地上没有洞，周围农作物没有受到滋扰，最重要的是没有脚印。

第二，科学家发现，所有麦田中的复杂图案都不是由重量或力量造成，农作物的茎部只是变平，很少有被折断的痕迹。

第三，人们无法相信，人类能将复杂的图案以几何学原理设计得完美无缺。资料显示，麦田怪圈图案各不相同，由开始的一个圈慢慢进化成两个或三个相似的圆，1994年还出现了蝎子、蜜蜂、花等动植物图案。

第四，麦田怪圈的面积之大让人惊叹。人类不可能在这么短的时间内制造出这么大的图案。比如在美国加利福尼亚州索拉诺县的一家农场，曾一夜之间冒出至少12个麦田怪圈，总面积有一个足球场那么大。

第五，在世界各地形成了数以千计的圆圈，却从没有人见到过制造过程。

②

麦田也疯狂：怪圈里蕴含的几何问题

　　人类之所以能感受美的事物，并对其产生反应，是因为人能从错综复杂的混沌之中找出秩序。当我们从古希腊神殿或达芬奇的画作中感受到秩序的完美时，就会下意识地对其中符合几何普适法则的完美比例产生情感上的呼应。正如几何学家劳勒所说："几何学这门学科，就是在研究宇宙如何产生秩序并加以维持的方法。几何图形如同某个静止的瞬间，所展现的通常是不为人类感官器官所察觉的、超越时间限制的普遍连续性运动。"现实的大量证据都在佐证着劳勒的说法，只是证据的来源也许会让人觉得匪夷所思，那就是宗教。

　　几何学究竟何时与宗教结下不解之缘尚不可考，然而，这套深奥的学问在西藏密宗和佛教艺术中都有所体现，就连美洲原住民的沙画也体现了神秘的几何学之美。神圣几何在不同文化中都有所体现，而这些文化之间有的从未曾往来，或彼此之间甚少接触。而那些神秘莫测的麦田圈遍布世界各地，总是在一夜之间形成，构成麦田圈的各色图形之中也蕴含着几何学的思维与审美，这意味着几何学是一种普适法则。

圆圈：无穷尽的有机生命

　　麦田圈的几何图形大多数以圆圈为基础，再按照一定的比例向外围扩展，而这正象征着有机生命的基本新生原理。圆圈象征着造物者制定的法则，也暗示着宇宙生命的循环往复，小到原子、粒子，大到星球，都按照"圆圈"所蕴含的几何规律运行着。这些规律没有起始，也没有终结，万事万物都源自于其中，又包含于其间。古往今来，各种文明都习惯用"圆圈"来象征充满未知与灵性的宇宙"气息"，而圆圈也是构成麦田怪圈之谜的基础图形。举世闻名的"科赫分形"麦田圈虽然是由六边形图形构成的，但也是从顺时针螺旋的中央圆圈开始逐渐发展出来的。

正方形：物质与地球的象征

正如圆圈象征着飘渺无穷的天界，正方形则象征着物质与地球。盛极一时的玛雅文明就认为，地球是一个巨大的、活的有机体，与人性难以分割。玛雅文明的宇宙起源论认为，胡纳乎（Hunab Hu）是宇宙的维度、运动与数学结构的缔造者，并用圆圈内接着正方形的图形来代表他。1996年，在艾奇汉普顿出现的麦田圈就是圆圈里接着正方形的类似图形。

尖椭圆形：地上地下的两重天地

两个一模一样的圆形相交，其重叠部分就是一个两头尖尖的椭圆形。这个独特的形状自古以来就意蕴深远，象征着地上和地下的两重天地，以及沟通精神与物质的桥梁。天主教的主教法冠和鱼的意象也与尖椭圆形遥相呼应。风格独特的哥德式建筑物的穹顶也巧妙地运用了尖椭圆形。1996年的一个夏夜里，威尔特郡的一个山丘上一夜之间出现的一大片麦田圈，就是这种尖尖的椭圆形。

正三角形：完善与稳定

几何学的众多多边形都是在尖椭圆形的基础上发展而来的，其中最简单的就是正三角形，这个图形象征着"完善"。正三角形的三个顶点象征着开始、中点和结束，因此也代表着稳定，也由此成为最受宗教、商业、科学等业界人士欢迎的符号。三角形在基督教的符码系统里也很重要，只有神的光环才是三角形的，创作世界所用的"蓝图"也是由三角形构成的四面体。而四面体又恰好是石英的结构，要知道，石英可是自然界最佳的导热体。而让众多麦田圈爱好者痴迷的"巴柏利堡四面体"就是三角形的典型代表。

螺旋：无穷无尽的创造力

螺旋象征着永不枯竭的创造力。星系和地球生物中广泛存在着的螺旋形，都是以黄金比例为其构图基础的。人的手骨、鹦鹉螺壳、树叶的生长模式，都暗自蕴藏着黄金比例。古埃及寺庙、希腊神殿、哥特式大教堂也在不知不觉中投射出黄金比例的魅力，而在"朱莉亚集合"和2000年在伍德波若出现的"向日葵"麦田圈，更是将螺旋形黄金比例的优雅律动展现得淋漓尽致。

五角星形：生命力的延伸

黄金比例是从五边形和五角星形外推而得到的。五角星形可以说是与人类关系最为密切的一种图形，因为人类将四肢舒展开来，看上去就像一个五角星。于是，毕达哥拉斯的人本科学就以五角星作为象征符号，人们甚至还把它当成护身符时刻佩戴在身上。在美洲原住民的文明之中，五角星也是一个重要的象征符号。基督教更是将五角星与耶稣联系在一起，因为它象征着原型人类的五种感官，带有某种神圣含义，凭借着自然的神秘力量主宰着天地之间的物质世界。五边形的内角度数为108°，而在字母代码学中1080恰好代表着月亮，因此五角星形象征着女性的阴柔与直

五角星形的怪圈

觉。有很多呈五角星形的麦田圈，其中之一就是位于柏顿的"星辰"麦田圈。这个五角星形看似简单，实则蕴含了复杂的比例几何。

八边形：宇宙循环的更迭

八边形在很多文明中象征着宇宙循环的不断更迭、循环往复。阿拉伯数字8横躺着，则是象征着无穷大的数学符号。埃及的创世神话是这么说的："我是一，一生二，二生四，四生八，之后又变为一。"2000年，西尔伯利丘陵上出现了一个八边形麦田圈。

元素周期表以8作为一个循环，人类细胞的复制也分为8个阶段逐一进行。因此，古时候，人们常常用八边形来象征地母，甚至将地母描绘为拥有八条腿的蜘蛛，编织蜘蛛网来掌控人类的命运。这个麦田圈出现之时，正值世纪之交，这是否象征着人性到达了周期更新的时刻？也许麦田圈的制造者是想借机暗示人类，应该收敛一下自己的心性，对大地之母予以更多的关切。

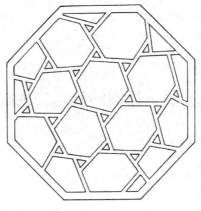

神奇的八边形

　　几何学是人类的一种思维方式，也是一种审美感受，而那些神秘莫
测的麦田圈也往往是由各种几何形构成的。以几何学的内涵为出发点，来
诠释麦田圈所蕴含的深意，也许能帮助人类更全面地了解这些一夜之间出
现的奇观。

$$\left(\begin{array}{c}3\end{array}\right)$$

破译麦田怪圈的神秘二进制码

早在100多年前，地球人类就梦寐以求同另类世界和地外文明建立通信联系。于是有人建议，在地球表面建立由反光镜片或燃烧的篝火组成的规则几何图形，让我们的宇宙"智慧兄弟"——月球人、火星人、金星人或者其他任何星系文明发现这些耀眼的几何图形，来证明我们地球文明已经发现了毕达哥拉斯定理，以此向全宇宙宣告：地球上已存在智慧生命。

向宇宙发送"函电"

随着科学的进步，人们已经不满足于在地球上"画几何图形"展示自己。1974年11月16日，地球的科学家们把有关地球、人类的资料转换成二进位密码组成的图案，在位于美国波多黎各中部的阿雷西沃天文台，对准宇宙深处的武仙座M13庞大的球状星团方向发出了一份"函电"，"函电"包含1679bit的信息。

这个图案表达的内容主要是：用二进制表示的1—10十个数字；DNA所包含的化学元素序号——氢-H、氧-O、碳-C、氮-N；核甘酸的化学式；DNA的双螺旋形状；以二进制信息表示地球人的体形和平均身高以及地球上的人口数量（4'292'853'750）；还描绘出地球人的体形特征；在地球人体形状符号下方用正方形表示我们的太阳系及其9大行星；

在图案的最下部分附注了人类接收和发送无线信号的"太阳灶"图像。由于M13球状星团距离我们地球有25000光年远，若按我们地球上的时间计算，只有25000光年后那里的居民才能接收到这份"函电"，但人们还是热切地期待着有一天外星的智慧生命能够收到这个信息。

外星人回信了

出人意料的是，仅仅27年之后，也就是在2001年8月13日，在英国汉普郡天文台射电望远镜附近的麦田里就收到了外星人以麦田圈密码信函的形式发来的"回电"——麦田里出现了一个矩形相框中的"人脸"图案，相貌很像我们地球人的脸，只是眼睛比我们的大。相框"人脸"图案的尺寸为48.76×54.86米。一周之后，在这个"人脸"图案的近旁又出现一个复杂的"二进制密码"图案。该"二进制密码"图案的尺寸为60.96×25米，这两个图案都是采用相同方式借助倒伏的小麦制作而成的。这两个麦田圈的出现震惊世人，因为按照科学家的分析，这正是外星人对地球人1974年所发"函电"的回复。

通过比较可见，这两个神奇的麦田圈与1974年传送的图案在表达内容上非常接近。当然，在科学家破译之后的回复讯息中，也有与传送内容不一样的部分：改变了一个化学元素硅-Si；改变了DNA的高度与分布以及核苷酸的数量；人口数量增加为213亿；改变了人形轮廓，成了典型的ET形象。另外，他们所表示的太阳系中有12颗行星，其中第三颗、第四颗和第五颗（从右侧数）突出显示着，尤其是第五颗星周围分布着3颗星；最后更新了图案最下部分的内容，这部分新内容恰好与2000年8月13日在同一地点出现的麦田圈一致，表示某种放射构造。

这个图形结构正是科学家们认为在理论上可以通过此类装备和原理

将微弱信号的能量不断转换并增强，提高发射功率。但人类目前的科技水准却是无法实现的。所以，人们有理由相信这是比人类更高级的智慧生命向人类传递的一个信号。那么，他们究竟是谁？他们在哪里？

根据上面的信息，或许我们可以推测他们也是一种智慧生命，他们的DNA和地球人的DNA有一部分相同，但有一部分是不同的。他们比地球人矮，平均身高是100.8厘米。他们也是由头、躯体、胳膊、腿构成，头部大于地球人，他们的形象与众多UFO事件中目击者表述的外星人相似。人口数量变成了213亿，这个数量比地球人口略大，是外星人总共数量，还是他们的数量与地球人数量的总和？人们不得而知。

另外一个有关太阳系的重要信息，可能表明两种情况：要么仍然是指我们的太阳系，但除了强调地球也突出了第四、第五颗行星——火星和木星。当然，更多强调的第五行星，它周围存在3颗星，也可能指的是位于火星和木星之间的小行星带。要么，它可能指的不是我们的太阳系，而是他们的太阳能系统。在麦田圈中对太阳的描述显得更小，这是他们的小太阳或可能是代表某个时候我们自己的未来——也许太阳已经变得越来越小了。

欢迎外星朋友

看到这里，你一定觉得不可思议吧？科学家已经排除该麦田圈人为制造的可能性，试想谁能在天文台科学家眼皮底下顽皮地一下子制造这么巨大而复杂的麦田圈呢，这不是人力能为之的。这些图案的出现不是那么单纯和偶然的，难道这真是外星文明试图与我们接触的证据？是外星人对我们发出的"瓶中信"进行了最直接的回答？

虽然还有这样或那样的不确定性，但可以肯定的是，人类对地外生命的探索永远不会停止。希望真的有一天，我们能够揭开这所有的谜团，破解所有的未知讯息，张开双臂欢迎来自外星球的朋友。

麦田圈，人类不懂的语言

人类社会和人类文化就是借助于符号才得以形成的。在各种符号系统中，语言是最重要的，也是最复杂的符号系统。语言学家索绪尔认为，一个符号包括了两个不可分割的组成部分，能指（即语言的一套表述语音或书写记号）和所指（即作为符号含义的概念或观念）。而语词符号是"任意性"的，除了拟声法构词之外，语词的能指和它的所指之间没有固定的天然联系。

符号论美学家卡西尔认为，"艺术可以被定义为一种符号语言"，是我们的思想、感情的形式符号语言。每一个艺术形象，都可以说是一个有特定含义的符号语言或符号体系。为了理解艺术作品，必须理解艺术形象；而为了理解艺术形象，又必须理解语言符号。因此，卡西尔认为，语言符号的统摄功能具有生成人性和塑造人类文化的作用。明白符号的功能，才会明白麦田圈制造者为何选择图案和人类沟通，因为图案不仅能够超越文化隔阂，还可以蕴含更多的知识奥秘，从而激起人们探索的兴趣与热情。破解符号很像一种智力训练，但符号的终极目的是唤醒意识，而麦田圈作为一种符号语言，它的诉求对象却是人的心灵。

符号语言

在茫茫的宇宙中，存在着无数个星球，也产生了无数次文明，生命之间交流的语言多不胜数。有这样一种语言，不是用声音传达，而是用图形描绘；不是写在纸上，而是印在麦田。地球人把这种听不懂的语言叫做"麦田圈"，而它存在已经有几十年，只是我们从没有用心去关注真相！

古代文明按照自然和宇宙法则创造符号，也把它当做沟通工具。这些图像语言有许多是通过壁画、岩画或者瓷器纹饰表达出来的，有时甚至祭拜庙宇本身就是图像。古埃及人根据对生命与超越的深刻理解创造的象形文字，或许是人类历史上最著名的符号。古埃及象形文字的寓意和语意，也绝不只是要传递法老的丰功伟绩。象形文字同时象征地上和地下两个世界，且具备提升人类知觉层次的伟大功能。

在埃及历史的不同时期，象形文字随着社会生活的需要而发生过多次变化。在中国古代，象形文字曾出现过祭祀体，后期埃及时出现过民书体，在罗马统治时期还出现过用希腊字母拼写的科普特文字。由于种种原因，埃及文字没有发展成字母文字，但埃及文字却对腓尼基字母的形成有着重要影响。古埃及象形文字随着古埃及的灭亡也逐渐成为死文字，完全被人们遗忘。当然，埃及文字本身的繁难也是造成它难以保存的重要原因。几千年之后，埃及文字才由学者对罗塞达石碑的成功解读而将古埃及的全部历史展现在世人面前。

麦田圈：与古埃及文字一样晦涩的语言

埃及的象形文字是最古老的文字，出现于5000多年前，由法老王那默尔的铠甲关节板上的最早期象形刻开始（公元前3100年），到现在衍变为用在教堂内的古埃及文字，后来被欧洲人称做Hiérpglyphe——这是希腊语"神圣"与"铭刻"组成的复合词，意思是"神的文字"，即"神碑体"，通常书写在一种称做"纸草"的纸张上。

古埃及人认为他们的文字是月神、计算与学问之神图特造的，和中国人"仓颉造字"的传说很相似。古埃及语属于闪—含语系埃及—科普特语族。这个语族最早的语言是古埃及语，就是我们见到的象形文字所记载的语言，到大约4世纪，它演变为科普特语。现在，科普特语还用在宗教仪式上。

古埃及，世界四大文明之首，在这片炙热的土地上，生息繁衍着世代耕耘、不问外事的埃及人民，他们经历着战乱掠夺，忍受着贫瘠悲苦。千年一瞬，他们在历史的长河中默默创造着璀璨文明。然而，这些令人叹为观止的古文明，却在北非的那片沙漠里，在尼罗河历年的泛滥里，沉睡了整整1500年。直到1822年，一位法国天才语言学家向"法国碑文纯文学学院"提交了研究论文，并宣布了对埃及象形文字的解读发现，古埃及文明的璀璨文明才徐徐撩开她笼罩了一千多年的面纱，向我们露出勾魂摄魄的微笑。

麦田怪圈与埃及象形文字一样都很晦涩，需要挖掘出表面符号底下的深层含义才能理解。麦田怪圈是多维的、歧义的、比喻的、象征的，带有指导性质与启发意义。麦田怪圈的符号不是让人按照地球文明的习惯来阅读的，而是让人从潜意识中去体会或者顿悟。麦田怪圈也是抽象的，挑战了我们线性的思考方式，也挑战了我们追求当下满足的欲望。

星系是另一种"麦田圈"

地球的生命能量曾出现在新石器时代的洞穴里，例如爱尔兰的纽格兰治土丘，在烟雾缭绕的洞穴里发出声音，声音便被烟雾扑捕捉，并赋予其具体的形状，呈螺旋状缓慢上升。更引人深思的是，在螺旋出现的地方，可以看到洞穴开辟者在石壁上画出了相同的图案。

宇宙之中有无数的星系，其中尤以螺旋星系最为启发人心，它是生命灵魂本质的象征。螺旋星系的名称来自由核球向外成对数螺旋在星系盘内延展，并有恒星形成的明亮螺旋臂，虽然有时很难辨明（例如螺旋臂有丛生的絮结时），但螺旋臂相对地可以区分出有星系盘结构却没有螺旋臂的透镜星系。

在某种意义上，存在本身就是一种表达方式，存在以它的形状、它的色彩、它的声音、它的位置言说着，只是我们未必听得懂罢了。从这个角度说，宇宙中的各种星系又何尝不是一个个麦田图案呢？

基于三元论的嵌套式世界

自从麦田圈在20世纪80年代引起世界广泛关注后，人们便对这种神秘现象做出种种推测，各种学科的专家都试图从自己的专业角度对其做出合理解释，然而至今仍然不过是瞎子摸象。

近来，又有人以三元论的宇宙观来解释麦田圈，这是一个比较宏观的视角，其最终结果虽然未可尽信，但也可以聊备一说。所谓三元论即空间论、时间论、基本单元论的综合。三元论认为宇宙是由多个空间、时间、基本单元和未知组成的，前三者既可相互独立，又可自由组合，相互产生一定的影响，和未知一起形成宇宙。

三元论的空间在宇宙中独立存在，且形状各异，大小不同，相互包容，如同一个封闭世界，不但有界限，还有出入口。三元论中的时间理论也别具特色：与空间一样，时间也是独立存在的，且有轨迹，有长短，还有起点和终点，但互不兼容。

基本单元也是一种独立存在，它们的组成元素各异，可相互分离。基本单元与上述空间与时间理论融合，成为这么一个不可思议的玩意：不同的空间中存在不同的时间，反过来说也行；不同的空间之间存在时间差；同一空间内时间不可逆转；相对于两个空间的交界处时间为零；基本单元之间相互作用时产生或消耗能量；基本单元不会因空间和时间的变化而改变其基本属性。最后，三元论可能为了免遭来自逻辑学家的毁灭性攻击，在三元之中又加入了一个最大变量——未知，即宇宙中存在没有被人类认知的存在方式——这很可能是一个万能盾牌，一旦面对质疑无法自圆其说，就可以拿来抵挡。

三元论将通过三个"朱莉亚集合"麦田怪圈来阐释它的宏观世界的理论。

英国曾出现过一个朱莉亚集合麦田圈，此图案整体有点像DNA分子链，圈内有大量形似星球或细胞的小圆圈，排列十分整齐对称。三元论将这个麦田圈命名为"文明空间"。此麦田圈最外面的星球是7个，而不是6个，上面和右面的各缺少1个，从里面到外面依次为1、3、5、7个星球。三元论认为这个排列规则不合常理，结论是：麦田圈制造者可能在故意迷惑人类。

但无论如何，这幅图蕴含的数学知识是非常丰富甚至高深复杂的。三元论认为，如果这个麦田圈制造者是外星人的话，那么他们似乎在通过图形大吹法螺：我们的文明非常发达！

逆向空间

三元论者将第二个朱莉亚集合麦田圈命名为逆向空间，他们在电脑上模拟出这个麦田圈并设置了9个观察点，分别为A、B、C、D、E、F、G、H、I，然后比较A、B、E、F和I的旋转方向，发现麦田圈内的小圆圈如同一串糖葫芦，主线呈由外向内、逆时针的旋转方向，逆时针方向是主方向，在此图中就是正方向。

假设从A点出发到达I点，在B点会发现，副线C和D是顺时针旋转方向；在E点发现，副线的旋转方向进行改变；在F点发现，副线G和H是逆时针旋转方向。研究发现，在这个麦田圈内，既可以把顺时针方向作为正方向，也可以把逆时针方向作为正方向。三元论认为，人类目前的思维方式还是有点僵化，不妨眼界再放宽一些、思维再跃进一些。

正向空间

三元论者模拟第三个朱莉亚集合麦田圈，将其命名为"正向空间"，并设置5个观察点，分别为A、B、C、D、E。通过比较AD、BD和CD的旋转方向，发现顺时针与逆时针旋转在同时发生。也即"大螺旋"按照顺时针方向围绕D中心旋转的同时，"小螺旋"按照逆时针方向围绕自身旋转。这意味着大空间正向旋转的同时小空间也可反向旋转，三元论者由此推理由正到反的过程中，中间定会产生一个"静止"的旋转。

众所周知，银河系是按照顺时针方向旋转，太阳系在银河系的猎户座臂中按照逆时针方向旋转，二者方向恰好相反，如同一个简单的旋涡系，这种复杂的旋转方式正类似于此。也许，正向空间就是喻示银河系或者其他星系的一种旋转方式。假设有人能站在银河系以外的某个角度观察它，那么银河系的主螺旋手臂就应该是3个，而不是4个或者2个。三元论者既然有这等宏观宇宙视角，那么自然天降大任，他们需要寻找太阳系与银河系二者相对静止或平衡的空间在哪里，然后计算它的半径是多少、范围是多大。也许这并不是玄想，毕竟世上无难事，只要肯攀登嘛！

嵌套式世界

综上所述，三元论者认为人类有必要再拓展一下思维，宇宙中还可能存在一个物理镜像世界，即嵌套式世界和物理镜像嵌套式世界。这两个嵌套式世界如同蝴蝶的一对翅膀，忽悠扇动的同时还倒映出对方。如果这个假设成立，那物理镜像银河系、物理镜像太阳系等都有可能存在，能够产生逆时针旋转的银河系和顺时针旋转的太阳系。如此一来，宇宙也将复杂得难以想象。三元论者提出了这样的疑问：同一世界中的空间、时间和基本单元进入物理镜像世界会怎样？物理定律能否继续适用？如果结论被否定，那么物理镜像世界中存在什么样的物理定律？

这些疑问需要各国科学家们去思考和研究。三元论认为，人类对不同世界、各种星系和定律掌握得还远远不够系统。或者，正因为如此才会出现麦田怪圈来启发我们。也正因为如此，我们才不能对它完全破译。

（6）

蕴含于麦田怪圈中的宏伟思想

地球上每年要出现200多个麦田怪圈。这些美轮美奂的图形究竟表达了什么意思？传递了什么信息？研究者认为，认识麦田怪圈要从"形象思维"和"艺术想象"两个方面结合进行探索，并从独立分析和组合研究两个角度来解释麦田怪圈的原本含义，从而破译其中所蕴含的奥秘。专家们针对比较典型的几种麦田怪圈做出研究后，发现其中竟然蕴含着超出人类视野的宏伟思想。

宏伟工事与深邃天坑麦田圈

宏伟工事麦田圈：从图案中可以看出制作者具有丰富的空间想象能力，图形不仅是二维图，还是三维图，如果突破传统思维定势，从凸起方向观察，图形描绘的好像是一个宏大的"金字塔"形状的建筑物，左右可以看做是7个巨大的台阶；从凹陷方向观察，图形更像是一个具备了防御战争工事的巨大建筑，非常宏伟，左右两边支撑了7根巨柱，下面"绿白"相交的位置，可能是特殊的地方，比如武器库、物种库、粮食仓库等。此图预示，人类在一个平安、快乐的环境中繁衍生息；或似乎又表达出一个"天圆有边界，地方有文明"的宇宙观点。

深邃天坑麦田圈：直观上看，此图是由7个绿白相间的圆环形成的平面图；从凸起方向观察，可以看做是正在旋转的"陀螺"，或者是人类经常看到的UFO或不明潜水物（Unidentified Submerged Object，简称USO）底部的形状；从凹陷方向观察，还可以看做是一圈一圈不断挖掘的坑，比如正在挖掘各种矿产或将要建造圆形陵墓等。此图预示，在地球上生活的人类无止境地开发大自然的资源，一轮接着一轮，锲而不舍，最终把地球挖到底，中央最小的圆圈表示地球资源即将耗尽。年轮似的麦圈，似乎又代表不同时代的人类相继开发地球资源，或者是这些人侵占、瓜分了地球资源，等等。地球稀缺的资源是人类爆发战争的导火线。

地外文明

地外文明麦田圈：美国密歇根州立科学技术学院的生物物理学家利用三维成像分辨率分析技术（FRI）对此麦田怪圈做了进一步分析。但是，边界的模糊和昏暗的光度让人精神波动异常，仿佛到了地狱的国度。在中央小圈的分形图形中，似乎有一个带着两个角的"人"。其内部图形非常对称，与外部有着明显的不同，且形象变幻，每次观看都有不一样的效果。

第一次看，中央小圈整体上像是一个椭圆形的大头人像，两侧凸起的颧额非常明显，眼睛眯着，具有老虎一样的鼻子外形，脸颊和嘴都非常大。

第二次看，上面像是一个人像，形象如同《西游记》中的孙悟空。眼睛比较大，呈八字形；鼻子非常小，鼻子与眼睛的距离比较近；嘴和人类的差不多，鼻子与嘴的距离却比较远；可能是穿着宇宙服的缘故，几乎看不脖子，肩膀几乎齐到眼睛下面。"孙悟空"的下面也是一个人，像

《西游记》中的牛魔王，两个犄角非常明显，如同一对牛角或羊角一样；额中间有一个很大的圆圈，似乎还冒着尖，与孙悟空保持着类似于"无线电"的联系；小眼睛，小鼻子，大嘴，身体比较魁梧，特别是脖子上套着一个非常明显的大圈，让人直接联想到现代宇航员的头盔。从牛魔王身上至少还能看到四个非常明显的波或环，而且牛魔王身上佩戴了各种各样的"铠甲"。

第三次看，上面像是描绘了某种活动，两个拿着长枪的人拉拽着一个人向前走，面前是大小不同的三部分，其中第一部分带着光环。第一部分和光环组合起来就像闪耀着光环的如来佛祖。第二、三部分像玛雅庙宇的台阶一样，上窄下宽，像是为朝拜如来佛祖而设计的。第二、三部分与光环组合在一起，更像中国龙，长着两条长长的龙须；如果不加光环，这三部分组成的图形又像法国的埃菲尔铁塔，并发射着"无线电波"，如同现代的WiFi信号一样；这三部分的两边，像是两个只有上半身的木乃伊。

中央小圈内部几乎是一个非常丰富的外星或外空世界。中央小圈还可能表示一个空间端口或时空隧道，牛魔王是不是正在空间端口前犹豫，是想通过穿越来到新空间，还是想继续停留在原来的空间？

双边条约

双边条约麦田圈：图形简单得就像孩子的玩具，但简单之中寓有深意。在地球人眼里，计算机是科学中的重大发现，但是对于这些麦田圈制造者来说，人类发明的计算机简直就像一个儿童玩具。专家据此大胆猜测：现有的一些地球文明应该来自地外文明，人类之所以能够主宰地球，就是因为人类在地球上最聪明。如果地球上最聪明的是恐龙，那么现代掌握高科技的人员全都是恐龙，而非人类。为什么人类比其他地球动物更聪明？因为人类的祖先是个"混血儿"，也就是说，人类没有"祖先"，达尔文"进化论"关于人类起源的观点也将因此遭受质疑。

既然人类没有祖先，那么人类文明从何而来？那就是外星人或外空人有计划、分批次地传授给人类的。比如佛教（《佛经》）、基督教（《圣经》）、伊斯兰教（《古兰经》）等，甚至在外星人那里也发生类似于《红楼梦》中一样跌宕起伏的故事。人类只是宇宙文明的一种载体而已。从人类5000年的历史文化中，可以寻找出相继传授的痕迹，而且这些天外来客一直伴随着人类生活，关注着人类的发展。只是不知什么原因，外星人或外空人内部发生冲突，有些人泄露了秘密，把不该传授的知识也传授给了人类，如今出现的麦田怪圈可能就是这些人传递给人类的信号。

声音炼金术，探索"神的话语"

"海豚"麦田圈，亦即两端有环圈的尖椭圆光轮图案，陆续在1990年至1991年出现。这个图像在古埃及象形文中就代表"神的话语"。

植物能听懂音乐吗

随着研究的深入，麦田圈的形成与声音的关联开始明朗化，麦田圈被发现符合自然音阶规律。"蓝道码"（lambdoma）麦田圈出现在1995年7月。圈内8个转折以及外环的8个小圆都暗示这个麦田圈与八度音阶有关。所谓八度音阶法则，就是指声音和颜色彼此对应，每个音都有一种颜色（可见光）与之对应。举例来说，C音对应光谱最底层的红色，两者频率都是24赫兹以上，这样才能够被人体感知，因为人体本身就是振动频率固定的原子集合，因此才能辨别音符和颜色。"蓝道码"图形是将音阶频率（赫兹）换算成英尺，再做成包含所有和声比例的圆形图，表示音乐和声及数学比例间的关系。这个图形最早能回溯到埃及神秘教派，又被称为"毕达哥拉斯表"或"毕氏表"。

1996年5月出现于英格兰的一个麦田圈很特别，它没有其他麦田圈一样的螺旋底面，作物也不是整个倾倒，因为所有的麦子都是在距离地面大约30厘米的第一茎节微微弯折，其图案呈现出物质波动状。1968年，科罗拉多州天普布鲁尔学院做了音乐如何影响植物的实验，发现重金属摇滚乐使植物向音源反方向倾斜或死亡；古典音乐却吸引植物靠近扩音器；若让植物听印度祈祷音乐，其茎杆弯曲会超过60度，类似真实的麦田圈植物。难道上面麦田圈的弯曲是声音形成的吗？还有一些麦田圈很像一种称为"音流学"（Cymatics）的图形，是通过不同频率的声源震动水、细沙、油或其他物理介质产生的几何图案。

麦田圈里的超高音波

有麦田圈形成的目击者称听到了颤音。1989年，研究者在英国一麦田录到听起来像是蝉和瀑布的交杂音，美国航空总署（NASA）实验室分析后发现那并非鸟虫之声，声频5.0—5.2千赫，其循环性和节奏性似乎蕴含着智慧。几十年来，科学家们在麦田圈内侦测到260—320兆赫的"超高音波"，而且随着近年几何图形复杂度的增加，音频也随之增高。目前人们已知超音波可以像雷射光束一样定位，使被锁定的分子产生震动，但邻近的东西却完全不受影响。如此高的声音频率难怪会影响到观光客的思想意识或起到治愈功效。

一般医院会使用超高频声波治疗肌肉疼痛和骨头碎裂。新罕布夏州临床诊断记录一患者在接触过麦田圈后，眼部视网膜瘤萎缩了，医师至今仍无法解释这一现象。古代用石柱砌成的圣址也有同样疗效，现场同样可以测到超音波。

人类听觉所能及的最低音频约为30赫，低于30赫的声音就听不到，但会有感觉，这个范围的声波称为"超低频音"。超低频率可以直接影响生物反应，如果再结合高压的话，就会使途经的任何物体发生永久改变，例如导致变形甚至打断染色体。这些现象在麦田圈的植物都可以看到。长期暴露在超低音频环境中，人体会受到伤害，感到不适，例如眩晕、昏厥或恶心想吐，而这些症状，短时间接触麦田圈的人也会发生。

神用话语创造万物

声音法则和神圣几何学一样，在古人眼中是至高无上的。如果说东西方宗教有什么共同点，那就是创始之初都有声音出现。所谓的"声音造物"可以在所有的宗教信仰和传说中得到印证。从古玛雅的《圣书》《古兰经》到《圣经》，所有信仰和宇宙论都指出：神用话语创造了万物。神的话语其实就是波动，波动产生声音。声音里包含音调，亦即固定音高的波动。明白声音在古代文明的重要地位，才能理解声音为什么是现代麦田圈现象的重要元素。

从古地中海神秘教派到西藏佛学，从玛雅文明到阿兹特克文明，都认为声音知识是非常精微的科学。玛雅的乌斯马尔城和印加的马丘比丘城中结构精准的巨型神庙都是按照和声学设计和兴建的。据说，玛雅的金字塔形神庙的阶梯形表面能将掌声或脚步声变成小鸟般的啾唧声或雨滴声。

科学家发现，生命的基本单位——核酸和音阶有关，并证实"原子是和声共振器"。上述种种关联和呼应听起来很像神秘学说，但确实存在于八度音阶法则里。麦田圈的成因与声音密切相关，虽然具体过程还没有被科学证实，但是相信总有一天人们能够揭开真相。

8

神秘犹太符号的背后

麦田圈一开始是简单的圆圈,逐渐变得越来越复杂,还出现像象形文字的图案。到了20世纪90年代,开始出现几何学、科学技术、神学宗教符号等等,其精巧程度和大小在继续发展。麦田圈的特征就是其图案多种多样,只要对麦田圈感兴趣,似乎谁都可以发现与自己的价值观相联系的内容。尖端科学技术的分数维(fractal)或混沌(chaos)图案与德罗伊教的十字架、犹太人卡巴拉里的各种图案并行不悖。

六角星麦田圈

1990年在英国爱普顿出现的一个麦田圈就是很多六边形组成的。其布局以及构图的匠心清楚地显示出麦田圈制造者掌握了相当高深的几何知识。他们运用几何切线在可见图形里加入了不可见的图样,仿佛某种数学方程,让看到这个麦田圈的人不由自主地通过已知来推导未知。要说这都是巧合,实在是很难成立。

犹太人标志

众所周知,六角星是犹太人的标志。凡是犹太人所到之处,都可看到这种标志。根据后来的解释,六角星形被认为是大卫王之盾——大卫王打败巨人戈里亚时所持的即是六角形的盾。《珍氏记号及符号百科全书》也坦率地指出，这个六角星形的起源极为模糊。1897年"世界锡安组织"在瑞士的巴赛尔召开第一届大会，即选择了蓝色的六角星形为徽志，蓝星白底，蓝代表了天，白则意味着纯净。1933年的第十八届大会，正式通过将此徽志作为全体犹太人的共同标志。

要揭开这个"六芒星麦田圈"所蕴含的思想意义，人们不得不深入到犹太文化里去研究一番了。

犹太人的生活充满浓郁的宗教氛围，有着许多神秘的符号或者物体，他们的许多崇高价值观不能被充分描述。但犹太文化对世界历史尤其是宗教方面的影响至深且巨，基督教与伊斯兰教都与其有千丝万缕的联系。

犹太人将六角星形视为"大卫王之盾"，将蓝色视为天，将白色视为纯洁，从符号语言学的观点而言，即是将符号的元素赋予它选择性的认同意义，这是一种"意义重编"的过程。正是凭借这样的"意义重编"，犹太人才有了深切的文化认同，从而获得了强韧的生命力，在历经多次灭绝性危机之后还能屹立不倒。

地狱之门、宇宙之力、上帝荣光

17世纪初，由制鞋匠变为主要炼金师的波梅（Jacob Bohme），则对六角星形有更详细的解释。波梅乃是炼金师时代的主要人物之一。据他的弟子替他写的传记说，他曾以短短15分钟的时间遍历天人地三界，并往返于死生之间。由于具有如此无上视野，他声称世界最高的神秘乃是一个圆里的六角星形，六个角代表了六种最基本的力量，六个角的总和即是上帝之名ADONAI，也是永远的合一，而六角星里的那个六面体则代表了圣母与圣婴。他认为六角星形代表了上帝，因而能用它打开地狱之门。

六角星形在波梅的开创下，成了所谓的"所罗门封印"。除了六角星代表了上帝外，波梅也认为六角形中的正三角形也代表了耶稣的灵魂，倒三角形则代表了万物之水，神灵行走水上，乃是一切智慧的总和。

17世纪著名的炼金师吉克泰（G. Gichtel）也指出，六角星形乃是可以打开地狱门的钥匙，因此它又称为"封印星"（Signet Star），同时它也如同东方博士一样，具有导向真知之意。

因此，在现代之前的炼金术阶段，六角星形被赋予的乃是另一种神秘意义。西方人在东方的启发下，将六角星移植成另一个与基督教神话相混的新符号语言。它被赋予神圣的力量，可以打开地狱门，可以驱除邪魔，可以导向智慧。

人们都知道，物理学之父牛顿即出身于炼金师，在他的《数学原则》著作里，他深受波梅的影响，其关于六角星形所代表的宇宙力的讨论，即是主要内容之一。与牛顿同时的歌德，同样也受到波梅极大的影响，他在《事实与虚构》中指出：三角形乃是重要的范畴，许多事情都可以从它推演出来，色彩学即是其中之一。经由三角形的重叠，那古老、神秘而具有力量的六角星形即可达到。

综上所述，有关犹太人的六角星形，它的符号语言起源为何，可能极具争议性。今日所谓的"大卫王之盾"，乃是现代犹太人在将这个符号政治化的过程中所加上去的意义。而在现代初期的炼金术阶段，它则被称为"所罗门封印"。而在更早之前，它似乎只不过是各种秘教信仰里代表了上帝荣光的标志。

六角星形麦田圈的出现，似乎意味着制造者对地球文明无所不知，但它代表着什么呢？是上帝的荣光，还是宇宙之力？或者，两者就是一回事？

$$9$$

用拉丁文写就的神秘讯息

1992年8月1日是英国的收获节，而在英格兰南部米克尔丘陵下，麦田已经成熟，黄澄澄一片，确实可以收获了，但麦田中间却出现了一个奇特的麦田圈。说这是个"圈"其实并不准确，因为这个麦田圈是一个长方形，从高空拍摄的照片来看倒像是一块镌刻了某种符号的金砖。事实上，这个被称为"米克尔丘陵手稿"的麦田圈极像地球人类的某种文字，这一行类似字母的符号中间用竖线断开，两端是两个并不怎么规整的圆圈，像两个鸡蛋。这是什么意思呢？

"我反对人造和虚假"

研究者认为这个麦田圈非常重要，因为以文字形态出现的麦田圈在历史记录中绝无仅有，如果麦田圈当真是外星人所为，那么这几乎可以认为是一种他们想与人类直接交流的征兆了，其意义虽然依旧未明，但在态度上，显然比用几何形式让人类"看图猜谜"要明朗一些。

麦田圈研究组织不敢怠慢，在全球范围内找了12名学者去尝试破解它的意义，经过几个月的搜索，查阅18000个常用日常用语、42种语言，终于发现了可能的解释。学者一致认为，图案两边的圆代表信息段落，中线竖线代表断字。整个图形是两个字或数字，没有缩写。要想破译其含义，必须逐字转译，而且还要有意义。最后，学者们达成共识，他们认为图样是被伪装过的后圣奥古斯丁拉丁文——第一个字是OPPONO，意思是"我反对"；第二个字是ASTOS，意思是"人造与虚假"。所以，整段的意思是："我反对人造和虚假！"

对麦田圈研究者的声援吗

当时麦田圈造假事件正闹得沸沸扬扬，政府和媒体对麦田圈研究也持反对态度，甚至还会采取行政手段干涉或阻止。这个麦田圈可谓来得正是时候——如果学者们的破译无误，那么这几乎就是对麦田圈研究者直接的声援。另一方面，由于使用了后圣奥古斯丁拉丁文，加上图样的7个字母有6个来自于少有人知的圣殿骑士团所使用的文字，人们对麦田圈制造者的知识与智慧更感到高深莫测。

但不免有人会问，如果麦田圈制造者是比人类更加先进的智慧生命，具备更高级的文明，那他们为什么不直接用英文或其他文字和我们沟通呢？这对他们来说应该不是难事吧？何必故弄玄虚，让人类绞尽脑汁地破解重重符号和晦涩的哲学图像，才能得知他们所要传达的信息？诚然，这类质疑很有道理，很符合平常的逻辑。但是，如果麦田里出现"你好，地球人，我们是从火星来的"的字样，或其他什么直白的表述，你会去下车瞧个仔细吗？会去寻找背后隐藏的几何和数学原理，会去分析、归纳乃至费尽心思揣摩它的含义吗？

符号语言

著名汉学家苏克科尔格雷分析孔子的作品后指出："文字的真实意义里虽然蕴含了宇宙的部分绝对真理，却已经为大多数人所遗忘，语言对他们来说只是方便沟通的工具。孔子认为，人们虽然得到了语言带来的便利，却也因此而疏于思索导致判断错误、行为混淆、'德不配位'，让不能胜任的人执掌政权。"从这个角度来说，文字承载信息的能力远不如符号。只要读过词源学书籍的人就会发现，日常生活的用语中有许多字虽然才出现100年，却受到污染而改变了含义。字词的意义要能保持或流传，不但依赖使用者的能力，更可能因糟糕的传译而减损甚至面目全非。再者，书写文字和口语都属于间接描述，只是事实的近似，符号却通常能够直截了当地表达。

麦田圈制造者按照宇宙的法则使用符号，而所有法则都蕴含在人体内，因此麦田圈图像才能跳过理性的左脑，直接在细胞层次进行信息交换。这样的过程让人体得以升高振荡频率，准备好用心接受特殊的语言。麦田圈制造者的方法其实显示出，他们对人的心灵运作方式很了解，因为符号是神秘的，神秘会激发好奇心，让我们检视既有的知识，从而获得洞见。符号蕴含启示，符号超越时间限制，有些符号语言经历数千年宗教、政治和意识形态的更迭嬗变而依然保存完好，似乎当初精心设计过，以保证它们不会触怒任何特定部落群族而遭致毁灭。但麦田圈图案拥有不止一种意义和解答，因此很难让理性心智所理解和接受。

世界上绝大多数麦田圈采用的都是符号语言，在后圣奥古斯丁拉丁文麦田圈出现后，人们这样推想：这段时间不断有伪造者和揭秘者诋毁麦田圈，动摇大众对麦田圈的信心，怀疑外星文明，所以外星人类为了对抗地球人类这种极不尊重的态度，就在米尔克丘陵山脚下创作了一个特别的也是唯一的一个拉丁文图案。这个图案相较于过去出现的麦田圈，确实不同寻常、别开生面，因而一开始有人说是伪造的，但是进一步研究却推翻了这个看法。

$$10$$

麦田圈里的哲学谜题

麦田圈也许本来是一种极为正常的自然现象，我们现在之所以还称其为"怪圈"，是因为人类社会目前的哲学—科学体系，还不足以对它的成因进行有效的解释，这正说明了我们的知识还有很大局限，我们的认识方式与真正的现实世界还有一定的差距。

现代哲学认为，世界统一于物质，物质具有客观实在性。也就是说，世界是统一于客观实在的，无论人类的主观意识如何，物质都存在。所以，现代哲学认为人们所理解的世界已经达到了思维与存在的统一、主观与客观的统一，意味着人类已经掌握了认识世界的真理。但事实上果真如此吗？

独立世界

2012年曾在英国出现一个大凸圈围绕七个小凸圈的麦田图案，专家经过研究后认为并非人造，并将这个麦田怪圈命名为"独立世界"。

现代科学认为，人的肉眼可以分辨直径大于0.1毫米以上的物体，小于该尺度的事物都属于微观世界。可以说，微观世界是指小尺度空间，宏观世界是指大尺度空间。从直观上看，这个麦田圈似乎暗示存在三个世界，大凸圈内代表一个世界，大凸圈外代表另外一个世界，大凸圈本身也代表一个世界，但这是一个特殊的世界，即0世界，这是一个既可完全封闭，又能穿越的世界，是两个非0世界之间的0界限是时间为0的地方。

0世界的提出，是人们对宏观世界和微观世界理解的延续。世界有大有小，空间有大有小，一个0空间就是一个0世界。可以发现，这个0世界的范围非常狭窄、短浅。因为目前人类对世界的认识基本上停留在宏观世界或微观世界这两个层面上，通常我们理解的宏观世界就是指人类时空，更多的世界还没有被人类发现，所以把大凸圈内的7个小凸圈理解为一个世界或一个大空间中包含了7个小空间，而非7个小世界。显然，这7个小空间彼此独立，大小不同，形状相似；大凸圈内凹下去的部分包含了未知，等等。

此图寓意，宇宙中存在不同的世界，比如宏观世界、0世界、微观世界；两个非0世界之间存在0世界，比如宏观世界与微观世界之间存在0世界；不同的世界中又存在不同的空间，比如宏观世界中存在人类空间、阿曼多空间、渔夫空间、史密斯空间；两个非0空间之间存在0空间，比如阿曼多空间与史密斯空间之间存在0空间，人类空间与渔夫空间之间存在0空间；空间之间相互独立，彼此包容；每个空间的大小、形状、属性不同，等等。这些圈圈套圈圈的麦田怪圈或许会帮助科学家们破解一些宇宙中的不解之谜，如同一把可以打开宏观世界、0世界、微观世界等的"万能钥匙"。

哲学家的观点

与经典马克思主义观点不同的哲学家认为，我们的世界由各种各样的存在组成，在承认思维与存在统一的前提下，简单地说，共有8种存在，分别是主观自在、客观外在、客观无在、客观空在、客观混在、客观虚在、客观实在与客观意在。而事实上，人类以及人类哲学只是通过客观实在认识世界，而客观实在在以上8种客观存在之中，是最简单、最浅显、最表象的存在方式，依此而论，人类如今所认识的世界与真实世界相比，实在不过九牛一毛而已。

世界上究竟是否存在人的意识呢？毋庸置疑，无论论为世界有没有本原及本原是什么，人的意识都是客观存在的。意识是不是物质呢？且看一个荒谬绝伦的表述："意识是物质的产物，但又不是物质本身，意识是特殊的物质"——难道"特殊的物质"就不是物质，而是上帝或者如来佛祖吗？而按照马克思主义对物质的定义，物质具有"存在于人的意识之外"的"客观实在性"，很显然人的意识是不可能存在于人的意识之外的，那么人的意识就不具有客观实在性，当然也就不是一种物质。最后的问题在于：人的意识究竟是什么呢？

人的意识看不见摸不着，不是一种客观的实实在在的东西，可它却是客观存在着的。马克思主义把"物质的客观实在性"定义为"存在于人的意识之外"是以人的意识作为参照对象。把意识定义为"物质世界长期发展的产物，是人脑的机能和属性，是物质世界的主观映象"又以物质为参照对象，这样最终陷入了循环论证的陷阱。那么问题出在哪儿呢？

既然把"存在于人的意识之外"定义为"客观实在"，那为何不把人的意识直接定义为"客观虚在"呢？所谓客观，是相对于主观而言，也就是不以任何人的主观意愿为转移；所谓"虚在"是相对于"实在"而言，就是不能被人的感官所感觉到的存在。"客观实在"和"客观虚在"加在一起定义为"客观存在"，简称"存在"。凡"存在"必有一定属性、特征、征兆、背景、内容、形式，其属性、特征、征兆、背景、内容、形式能够被人所感知、认识和了解，并且是客观的、不以任何人的意志为转移的。那么由此定义出发，世界就是客观存在，包括客观实在（即物质）和客观虚在（即意识）两部分。意识不能独立于物质而存在。

麦田圈制造者是客观虚在吗

就拿麦田怪圈来说，它其实就是我们这个世界的客观虚在现象，也可以说是不明飞行物的作品。而不明飞行物的真实名称应叫做四维能源虚量，所以不明飞行物并不是物质，而是一种没有形体的能量，是虚而非实。这也许就是我们一直找不到不明飞行物物证的原因。因为它本身是一种虚在的能量，所以要真正研究不明飞行物，我们必须有影像资料的证实，有不明飞行物与麦田圈互相作用时留下的痕迹。但要将客观虚在的东西拍摄下来基本上是不可能的，其难度相当于看到人的"灵魂具现"。

$$11$$

麦田圈与东方文化的交织

近年来，中国古老的太极图，竟然也频频出现于欧洲的麦田怪圈之中，且设计精妙，图案庞大，颇让人惊讶。

太极图：宇宙语言

神秘麦田怪圈常发生于欧洲，很多人都认为是外星人所为，且其图案多为西方文化符号，太极图是中国古代文化的一种象征，两者似乎从来没有什么交集，这些年欧洲的麦田圈竟然有太极图图案出现，让人在惊讶之余，不禁感叹外星人知识的渊博。这种现象似乎表明，外星人和中国乃至中国古文化有了联系。假若麦田圈真是外星人与地球人沟通的手段，那就意味着太极图不但是"中国古人的语言"，也是"国际语言"，甚至是"宇宙语言"了。

有人说，这大概是一些中国人为了弘扬中国文化，吸引媒体的注意，所以在欧洲麦田里制造了太极图麦田圈。也有人说是欧洲人在故弄玄虚，大开国际玩笑。固然，欧洲人很有幽默感，喜欢开玩笑，但这个玩笑的成本不免有点大。

在欧洲每年有近百个麦田圈图案产生，从四五十年前一直持续到现在，花样百出，这么一种庞大的工程，所需要花费的巨大人力、物力、财力实在不可想象，不可能仅仅凭借"幽默感"来完成，况且至今也确实没有人为此负责。所以说欧洲人拿麦田圈开玩笑本身就是"开玩笑"。此外，英国和德国这些年以太极图为内容的麦田圈至少有5个，包含太极文化，比如阴阳变化的图案就更多，而且图案设计精彩完美，内容博大精深，让人叹为观止。所以无论这些图案是否为外星人制造，至少说明或是暗示太极文化并非中国"特产"。

独阳不生，孤阴不长

说太极，就离不开阴阳。在中国古代哲学范畴中，阴阳的涵义虽然很朴素，但很有辩证的意味。向日为阳，背日为阴，然后以此为基点，气候之炎凉寒热，方位之上下左右、运动之躁动和宁静等皆可以阴阳解释。

中国古人体会到天地万物都存在相辅相成而又相反形成的关系，于是就采用阴阳这个概念来解释自然界种种相互对立、消长的物质势力。他们认为，万物都包括阴和阳两个方面，而对立的双方又是相互统一的。中国古籍《素问·阴阳应象大论》说："阴阳者，天地之道也，万物之纲纪，变化之父母，生杀之本始。"这说明阴阳的对立统一运动，是自然界一切事物发生、发展、变化及消亡的根本原因。

阴阳以太极图作为形象代表，体现其内涵，其概念简单而深刻，影响深远。中国文化包括的医学、天文、地理、数术、哲学乃至儒、道等各家经典无不以此为基础。太极一词最早见于《易传·系辞》，《易纬乾凿度》和《列子》则有太易、太始、太初、太素、太极宇宙五阶段说法。宋儒周敦颐在《太极图说》开篇就说："无极而太极。"这把《老子》中提到的无极一词注入了理学含义，把无极的概念与太极联系在一起。

放之则弥于六合，收之则纳于芥子

阴阳学说认为，矛盾对立统一运动规律是自然界一切事物运动变化固有的规律，世界本身就是阴阳二气对立统一运动的结果，然后又逐步引申发挥，阐明宇宙从无极而太极、万物化生的过程。太极，为天地未开、混沌未分阴阳之前的状态；两仪，为太极的阴、阳二仪。继而《系辞》又说："两仪生四象，四象生八卦。"中国的太极拳、八卦掌之类武术皆以此为本。

在太极文化看来，浩瀚宇宙、天地万物无不包含着阴和阳、表与里的两面，它们之间既互相对立又相互依存，这是物质世界的一般规律，也是众多事物的纲领和由来，更是事物产生与毁灭的根由所在。阴阳二气含蕴一切，天地、日月、雷电、风雨、四时、子前午后，以及雄雌、刚柔、动静、显敛，万事万物，莫不分阴阳。人体经络、骨肉、腹背、五脏、六腑，乃至七损八益，一身之内，莫不合阴阳之理。太极阴阳理论建立至今已有两三千年，仍在为人们描述万象。

太极图是研究周易学原理的一张重要的图象，它包含了天地万物的共通规律在内，所以有人说它是宇宙的模式、科学的灯塔。"太"者，是"至"的意思；"极"者，乃极限之义。太极就是至于极限，无有相匹之意。其理念所及，涵盖至大至小的时空极限，放之则弥六合，卷之则退藏于心。用现代语言说就是可以大于任意量而不能超越圆周和空间，也可以小于任意量而不等于零或无。

中国古籍中说"太极元气，含三为一"，这是什么意思呢？这就要从太极图说起。太极图整体的圆，就代表一、宇宙、无极，即"含三为一"。太极是有，无极是无；太极是有限之天，无极是无限之天；太极是三，无极是一。太极图中的黑白二色（俗称阴阳鱼），代表阴阳两方，天地两部；黑白两方的界限则划分出天地之间的人。阴阳鱼白色逗号里面有一个黑色的点，黑色逗豆里有一个白色的点，有"阴中有阳，阳中有阴"的意思。

太极图案出现在麦田圈中，不但表示宇宙万物都存在对立统一的两面，似乎也在表明中西文化并非不可融合。无论太极麦田圈是外星人所为，还是地球人搞怪，都说明中西文化的隔阂在日益消失，世界文明在逐渐交织融合。说不定，"太极麦田怪圈"正是能破解这个世界之谜的钥匙呢。

DNA：麦田圈的神奇密码

1996年6月17日，深夜1点，一名农场助手用反空袭探照灯巡视麦田，没有发现任何异状。另一群麦田圈迷守候在伊斯特菲尔德北方的Knop丘陵顶上，彻夜监视同一地点，也没有发现任何可疑迹象，只听见奇怪的颤音。清晨5点45分，180米宽的麦田圈赫然出现在他们眼前，静静躺在沾满露水的大麦田里。事后传来的报道也非常精彩：一对中年夫妇看见几个光球在伊斯特菲尔德上空盘旋，对地面射出光芒之后便朝北方飞去了。

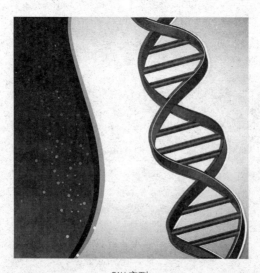

DNA序列

蓝图与食谱

这个麦田圈图案是由94个圆排成类似遗传物质DNA的双螺旋形状。DNA又称脱氧核糖核酸，是一种分子，是染色体的主要化学成分。DNA可组成遗传指令，以引导生物发育与生命机能运作，主要功能是长期性的资讯储存，可比喻为"蓝图"或"食谱"。其中包含的指令，是建构细胞内其他的化合物如蛋白质与RNA所需。带有遗传讯息的DNA片段称为基因。DNA是一种长链聚合物，糖类与磷酸分子借由酯键相连，组成其长链骨架。每个糖分子都与四种碱基里的其中一种相接，这些碱基沿着DNA长链所排列而成的序列，可组成遗传密码，是蛋白质氨基酸序列合成的依据。

1991年出现的一个奇异麦田圈看起来和遗传学有关，称为"缎带麦田圈"，各界对这个麦田圈解释不一。起先有人认为麦田圈制造者可能是担心人类DNA的安危，因为臭氧层在不断变薄。后来，作家雷登（Braden）看到这个图样时心中却浮现出不同的线索，指引他走向新的研究方向。他发现人体遗传密码有64种密码子组合，有44种用不到，自然界很少会做无用的设计，因此没用到的密码子很可能藏着有待激发的结构。雷登测量麦田圈图样里长短不同的所有线条计算每条线占全图的比例，再将所得数据和人体DNA里带有重要的氨基酸讯息的位置相对照，结果发现，DNA有9个断裂点正好与麦田圈图案相呼应：第一区是核糖体RNA，第二区是细胞色素氧化酶II，第三区则是三磷酸酶亚基六，其他则属于未指定读码区的第三、四、五、六区，这些位置都很重要。

未指定读码区是DNA分子似乎还没用到的区段，但这些区段若是出于某种原因关闭了（即断裂），那么遗传密码就无法识别；若产生新的氨基酸，形成新蛋白质，这些区段就成为建造新结构的基地。"缎带麦田圈"得出的推论不禁让人怀疑图样里是不是蕴藏着一组遗传密码。人体内的RNA就像电脑磁盘里的资料，有些部分没有用到，留待后来可能传来的指令。

爱尔兰的分子生物及免疫学家凯莱赫（Kelleher）十多年来的研究焦点都集中在不制造蛋白质的遗传物质上，它们占遗传物质的97%。凯莱赫致力研究它们的结构和性质，发现人体的DNA有超过100万个序列能够从甲染色体"跳到"乙染色体，这些序列称为"转位子"，它们一旦活化就能在短时间内造成大规模的遗传变异。凯莱赫认为精神能量剧烈转变（如萨满教的引领仪式、濒死经验或近距离接触UFO）会激发"转位子"，精神状态的提升能让癌症、免疫系统疾病或慢性病不药而愈的传奇事例也在不断增加，这与麦田圈能使知觉状态提升及病症痊愈的现象有着密切的关联。

另一个支持麦田圈与DNA有关的证据来自美国的整体医疗专家贝伦达（Berenda）博士的报告，他擅长于免疫检验和疗法。他分析20世纪80年代早期开始收集的血液样本，发现人类演化出疑似"第三股DNA"的东西。贝伦达博士表示，人类似乎在分子层次也发生了演化。与这项发现有关的症状包括"不在这里"的感觉、疲惫、需要额外休息、思维混沌、注意力不集中和毫无来由的疼痛，女性有经期改变、更年期提前或延后的现象，男性则是因疲惫而沮丧等。许多接触或进入麦田圈的人也有类似的反应。

1999年6月26出现的"三重DNA结构"麦田圈及1999年7月21日出现的"三重DNA的裂变"麦田圈，似乎在向我们生动地展示着人类DNA新的结构演变过程。如果上述假设是正确的，即人体内分子确实正在改变，那么这样的演化过程就完全符合古人的预测。他们认为人类现在的身体和心灵都已经走到变化周期的尾声，许多原住民文化也都提到"改变加速进行的时候，地球上会出现征兆"，难道这些征兆就是指麦田圈吗？

光的语言

1973年，赫特（Hurtak）的《以诺之论》里提到"光的语言让人类做好准备，在未来30多年里迎接一连串事件的启发"，难道麦田圈图像就是"光的语言"？赫特所说的"光结构"和麦田圈图像确实有所关联，光、声音和几何学在麦田圈里是同步运作的。以诺在教诲中也承诺图像符号将会提升人性，进入新的境界，促进人的灵性发展和科学对宇宙的理解，这也是麦田圈选择符号语言而不是文字表达的重要原因。赫特表示，光的语言将会协助人类适应新的改变，而"灵性的人得到圣灵的灵性礼物之后，便能和光的存在共事"。"光的教诲可以应用在许多不同的学科，因此不是每个人都能理解所有钥匙，每把钥匙的复杂意义在目前也无法完全展现。所以，某些钥匙对特定的科学或意识革命来说是缺乏吸引力的，因为钥匙涵盖不同的理解层次，而且全都和理解'光'的首要频率有关。"

神创造一切

地球的直径约为7920英里，地球和月球的半径之和约为5040英里，相应地，这跟以十进制计算出的英国巨石圈内圆和外圆所得出的数字比例是相同的：50.4和79.2。5040及7920这两个数字很重要，是基本和传统制定的两个公式化数字，在古代文化轨迹中随处可见。$5040=1\times2\times3\times4\times5\times6\times7$，$7920=8\times9\times10\times11$，希腊哲学家柏拉图形容这些数字是"神下令创造世界的主要象征"。

2002年8月28日，一个麦田圈在麦子收割前的几个小时出现，所有人为之惊叹。

麦田圈图案的基本骨架由一个大圈及其中的144个圈分割而成，分割所得的视觉元素中，竖着的麦子与倒着的麦子的数量分别为504与792。这样一个复杂的结构在纸上画出来都具有挑战性，何况要展现在夜深人静的麦田中。它不仅展现了DNA的双螺旋结构，并蕴含着神圣的数字，当504和792相加以后，得到1296，正是6×6×6×6所得的数值。在古希腊字母中，这些数字按照字母拼写得到一个句子："Goddess of all creation"，意即"神创造一切"！